The Blue Book on the Development of
Safety Industry in China (2016-2017)

2016-2017年
中国安全产业发展
蓝皮书

中国电子信息产业发展研究院　编著

主　编／樊会文

副主编／高　宏

人民出版社

责任编辑：邵永忠　刘志江

封面设计：黄桂月

责任校对：吕　飞

图书在版编目（CIP）数据

2016－2017年中国安全产业发展蓝皮书／中国电子信息产业发展研究院 编著；樊会文 主编 . —北京：人民出版社，2017.8

ISBN 978－7－01－018092－2

Ⅰ.①2… Ⅱ.①中… ②樊… Ⅲ.①安全生产—研究报告—中国—2016－2017

Ⅳ.①X93

中国版本图书馆 CIP 数据核字（2017）第 205092 号

2016－2017 年中国安全产业发展蓝皮书

2016－2017 NIAN ZHONGGUO ANQUAN CHANYE FAZHAN LANPISHU

中国电子信息产业发展研究院 编著

樊会文 主编

人 民 出 版 社 出版发行

（100706　北京市东城区隆福寺街 99 号）

三河市钰丰印装有限公司印刷　新华书店经销

2017 年 8 月第 1 版　2017 年 8 月北京第 1 次印刷

开本：710 毫米 ×1000 毫米 1/16　印张：17.25

字数：280 千字

ISBN 978－7－01－018092－2　定价：90.00 元

邮购地址　100706　北京市东城区隆福寺街 99 号

人民东方图书销售中心　电话（010）65250042　65289539

前　言

2016 年 12 月 18 日，《中共中央国务院关于推进安全生产领域改革发展的意见》（以下简称《意见》）正式印发，这是自新中国成立以来，以党中央、国务院名义第一次针对安全生产工作出台的纲领性文件。《意见》为我国安全生产领域在现在及今后一段时期内的改革与发展指明了方向，所提出的一系列重要任务和要求将对我国经济社会安全发展起到引领作用。在《意见》中明确提出"健全投融资服务体系，引导企业集聚发展灾害防治、预测预警、检测监控、个体防护、应急处置、安全文化等技术、装备和服务产业"。同时，《意见》中还提出"实施高速公路、乡村公路和急弯陡坡、临水临崖危险路段公路安全生命防护工程建设。加强高速铁路、跨海大桥、海底隧道、铁路浮桥、航运枢纽、港口等防灾监测、安全检测及防护系统建设。完善长途客运车辆、旅游客车、危险物品运输车辆和船舶生产制造标准，提高安全性能，强制安装智能视频监控报警、防碰撞和整车整船安全运行监管技术装备，对已运行的要加快安全技术装备改造升级"。对于为安全生产、防灾减灾、应急救援等安全保障活动提供专用技术、产品和服务的安全产业，这些政策措施具有非常重要的意义，为当前安全产业的发展指出了重点目标与任务。

2017 年 1 月 12 日，国务院办公厅又印发了《安全生产"十三五"规划》（以下简称《规划》）。《规划》对"十三五"时期全国安全生产工作进行全面部署，提出了"十三五"时期我国安全生产工作的指导思想、发展目标和主要任务。《规划》指出，到 2020 年，全社会安全文明程度明显提升，事故总量显著减少，重特大事故频发势头得到有效遏制，职业病危害防治取得积极进展，安全生产总体水平与全面建成小康社会目标相适应。在《规划》的主要任务中，要求"继续开展安全产业示范园区创建，制定安全科技成果转化和产业化指导意见以及国家安全生产装备发展指导目录，加快淘汰不符合安全标准、安全性能低下、职业病危害严重、危及安全生产的工艺技术和装备，提升安全生产保障能力"。从包括《意见》《规划》在内的文件，以及习近平等党和国家领导人关于安全生产工作的系列重要指示中，可以看出党中央和国务院对安全生产工作的重视进一步提高，达到前所未有的高度。在2017年，继续保持事故总量和伤亡人数持续下降、重特大事故频发势头得到有效遏制的趋势，安全产业在落实党中央、国务院重要文件和指示精神中，将发挥更大的责任，肩负起加强基础建设、提升安全保障能力的重任。

一

发展决不能以牺牲安全为代价，这是党中央和国务院对安全生产工作高度重视的根本原因所在。尽管2016年我国安全生产形势总体保持了稳定好转的总趋势，呈现"稳中有降"的基本态势，但我国仍处于安全事故的易发和多发期。特别是2016年四季度以来，先后发生了重庆市永川区金山沟煤矿"10·31"特别重大瓦斯爆炸事故（造成33人死亡）、江西丰城发电厂"11·24"冷却塔施工平台特别重大坍塌事故（造成73人死亡）、内蒙古自治区赤峰市元宝山区宝马矿业有限公司"12·3"特别重大瓦斯爆炸事故（造成32人死亡），造成重大人员伤亡和财产损失。对此，习近平总书记、李克强总理等中央领导同志第一时间作出重要批示，要求查明原因，严肃追责，汲取教训，落实措施，坚决遏制重特大事故发生。做好安全生产工作，防范和遏制重特大安全事故的发生，要人防、物防、技防等各项管理措施和手段同步抓，这方面亟待抓好安全产业的发展工作，提高物防、技防的能力和水平。为安全生产、防灾减灾、应急救援等安全保障工作，提供更多先进的专用技术、产品和服务，从根本上提升安全保障能力，提高本质安全水平，充分满足我国安全发展和提高人民群众福祉的保障要求。

安全产业是以提高全社会安全保障水平为目的，以提升安全事故预防能力为方向的新兴产业。为安全生产、防灾减灾、应急救援提供专用技术、产品和服务的安全产业，需要加强先进安全技术和产品的研发及推广，强化源头治理，提高全社会本质安全水平，降低事故发生率，助力打造经济发展新动能。

二

在国际上，安全产业发展也处于发展的初级阶段，各国、各地区安全范围和内容也各不相同。我国自 2010 年国务院 23 号文首次提出安全产业的概念以来，随着我国经济社会的发展，安全产业的发展过程中也面临新情况和新问题。从 2010 年以来，我国安全产业总体上发展呈现上升态势，工信部和国家安监总局先后批准在徐州、营口、合肥、济宁开展了国家安全产业示范园区创建工作。其中，2016 年徐州高新区被工信部和国家安监总局授予了首个国家级安全产业示范园区的称号，在重庆、江苏、山东、安徽、陕西、湖北等地出现了安全产业集聚发展区。在 2015 年工信部、国家安监总局、国家开发银行、中国平安在北京签署了《促进安全产业发展战略合作协议》的基础上，2016 年 10 月 24 日，徐州市政府与平安银行、上海银行等多家金融机构签署了徐州安全产业发展投资基金战略合作协议，标志着总规模为 50 亿元的国内首只地方安全产业发展投资基金落户徐州。2014 年成立的中国安全产业协会，在工信部、国家安监总局等相关部委支持下，2016 年也得到了快速发展，成立了建筑、矿山、石化、电子商务等四个分会，分会数量达到 6 个，会员总数近千家。

2017 年安全产业发展面临一个有利的时机。随着落实《意见》和《规划》等相关文件的工作逐步展开，安全产业发展将迎来一个发展的良好机遇。第一，安全产业投融资体系工作将进一步拓展。省级、市级的地方安全产业基金将陆续出台，汽车等行业子基金也将组建完成；保险、租赁等多种金融支持安全产业发展的试点工作也将逐步开展。第二，安全产业园区（基地）建设进一步扩大。2017 年有望出台《国家安全产业示范园区（基地）发展指南》，安全产业示范园区建设将在各地得到重视与发展。第三，落实国家文件，并在相关金融机构支持下，汽车主动安全、新型建筑安全装备等先进安全技术与装备的试点示范工作将不断展开。第四，中国安全产业协会等社会组织对安全产业的支撑、交流和促进作用将进一步得到发挥。

三

在经济发展新常态下，安全产业在发挥支撑保障作用，创新安全发展模式，在促进经济发展中将发挥重要作用。安全产业既可以在保障安全生产形势根本好转中发挥重要作用，也可以起到培育新增长点的功能，是具有战略意义产业发展方向。赛迪研究院安全产业研究所（原工业安全生产研究所）在工业和信息化部安全生产司、国家安全生产监督管理总局规划科技司等部门的支持下，在国务院安委会专家咨询委员会的指导下，在中国安全产业协会的帮助下，承担着我国安全产业的研究与推广工作。为此，全体研究人员认真分析研究国内外安全产业新形势、新动向，把握我国经济社会发展对安全保障的新需要、新要求。期望能够为我国安全产业的发展献计献策，为安全产业发展提供支撑。本次编撰《2016—2017 年中国安全产业发展蓝皮书》，全书由综合篇、行业篇、区域篇、园区篇、企业篇、政策篇、热点篇和展望篇八个部分组成，从多个方面，通过数据、图表、案例、热点等多种形式，对国内外安全产业发展情况进行分析总结，希望在宏观层面能够比较全面地反映 2016 年我国安全产业发展的动态与问题，对我国安全产业发展中的重点行业、重点安全产业园区（基地）进行比较全面的研究，展望了 2017 年我国安全产业发展的新趋势。

综合篇，对全球安全产业发展状况进行了较为详细的研究，对我国安全产业的发展进行了论述，并对我国安全产业发展中存在在问题进行了分析研究，并提出了相应的对策建议。

行业篇，对道路运输安全产业、建筑安全产业、消防安全产业、矿山安全产业、石化安全产业、城市公共安全产业、应急救援安全产业、安全服务产业等安全产业重点行业和领域，分别从发展情况、发展特点等方面进行了比较细致的研究。

区域篇，对安全产业发展较好的东部地区、中部地区和西部地区，从整体发展情况和发展特点两个方面进行分析，并选取了重点省市进行了详细介绍。

园区篇，选取了徐州安全科技产业园区、西部安全（应急）产业基地、合肥公共安全产业园区、北方安全（应急）智能装备产业园、济宁安全产业园等在国内发展比较突出的安全产业园区，从园区概况、园区特色和需要改进的问题等三个方面进行了重点研究。

企业篇，依托中国安全产业协会，以协会的理事单位为重点，选择了在国内安全产业发展较有特点的十家企业单位，对相关企业的概况和主要业务进行了介绍。

政策篇，对 2016 年中国安全产业政策环境进行了分析，对《中共中央国务院关于推进安全生产领域改革发展的意见》等有关安全产业发展的重点政策进行了解析。

热点篇，结合我国安全生产和安全产业发展的热点事件，选取了"11·24"江西丰城发电厂事故等重特大事故和党中央、国务院出台新中国以来首个安全生产文件等热点问题，分别进行了事件回顾和事件分析。

展望篇，对国内主要研究机构关于安全产业的预测性观点进行了综述，对 2017 年中国安全产业发展分别从总体方面和发展亮点等方面进行了展望。

赛迪智库安全产业研究所（原工业安全生产研究所）重视研究国内外安全产业的发展动态与趋势，努力发挥好对国家政府机关的支撑作用，以及对安全产业基地、安全产业企业、金融机构及安全产业团体的服务功能。希望通过我们持续不断的研究，对于促进安全产业发展，推动我国经济社会安全发展的总要求发挥应有的作用。

中国安全产业协会理事长

目　　录

综 合 篇

行 业 篇

政　策　篇

热　点　篇

展　望　篇

综合篇

第一章　2016 年全球安全产业发展状况

在全球范围内，安全产业总体上发展方兴未艾，发达国家和发展中国家呈现不同的发展状态和特点，龙头企业集聚趋势愈加明显。产业发展呈现了以下特点：一是科技投入成为企业提升自身实力的主要选项，二是信息技术应用水平日益加深，三是跨国发展成为企业规模化的重要选项，四是企业呈现出多元化、专业化的发展格局。

第一节　概述

当前国际上，安全产业的概念并不十分确定，其囊括的范围在不同国家和地区也并不相同。由于不同国家和地区对安全产业的认识不同，致使安全产业在不同国家和地区的定义、范畴、涉及行业都有所差异。这些区别，与一国或者地区的安全水平直接相关，但也同时涉及该国家或地区的政治经济、人文环境等因素。

比如在发达国家，安全产业的定义就和发展中国家有较大区别，发达国家更加关注国土安全、社会安全、防灾减灾、公共安全、个人防护用品等领域，重点发展该领域的装备、产品和技术。而发展中国家的安全产业由于经济欠发达或经济水平有限，其关注领域则相对集中于生产安全、社会稳定、职业健康、减灾救灾等领域，由于这些领域是社会经济发展的重要支撑，得到了发展中国家更多的重视。如在我国，《国务院关于进一步加强企业安全生产工作的通知》（国发〔2010〕23 号）中明确提出了"安全产业"的概念，其中要求"把安全检测监控、安全避险、安全保护、个人防护、灾害监控、特种安全设施及应急救援等安全生产专用设备的研发制造，作为安全产业加以培育，纳入国家振兴装备制造业的政策支持范畴"。通过这一定义，可见安全产业的概念十分宽泛，不同国家和地区对安全产业的定义或认识存在一定差别。

表1-1 全球部分国家（地区）安全产业概念

国家（地区）	安全产业概念
美国	维护基础设施、保障民众生命财产相关的产品与服务。具体包括通信设施、邮政设施、公共卫生、运输、金融、反恐、应急救援等提供安全保障的产品及服务。
日本	与国际安全领域相关，可降低自然灾害损失，以及保障公众安心安全生活的相关产品与服务。具体包括门禁系统、自动探测报警系统、安全设备系统、影像监控系统、防盗安检系统、信息安全系统等。
德国	包括安保、电子报警装置、消防设备、锁类、保险箱、保险柜、机械安全防护装置、安全技术等。
韩国	韩国安全产业主要面向防灾、减灾领域，以及相关产业，如提供针对发生于国家范围内的各种自然灾害的应对技术、装备以及应急防护。
英国	与美国相似，英国的安全产业主要面向自然灾害以及职业健康防护两个领域，近年来迅速成为一个全新的行业，专门针对各种人为或者自然灾害进行研究并提供技术及装备解决方案，其提出的"安全产业"（Safety Industry）主要是针对工作范围内的职业安全（Occupational Safety）领域，面向各种类型的企业提供职业安全事故预防培训和个体防护装备，范围和概念较小。
中国台湾	为个人、家庭、企业、银行、政府部门、公共场所及重要基础设施提供安全防护产品、设备及服务的产业。核心产业可分为安全监控、公安消防、系统整合与服务等三大领域；关联产业则有健康照护、公共安全、无线宽带服务、绿色环保、智慧机器人等。

资料来源：《工业安全生产研究》2012年第2期。

与我国的其他新兴产业有所不同的是，虽然安全产业在我国当前尚处于发展的初级阶段，但是由于安全产业是一个综合性、交叉性较强的产业，其下的很多细分产业早已存在，如安全产业所包含的应急救援、个体防护、监测预警等分支产业，均早已存在并且发展较为成熟，只是我国第一次将安全产业作为独立产业进行提出，并且有针对性地进行政策扶植和发展推动。此外，我国的安全产业分类中，还有一些落入了装备制造、新材料、节能环保等新兴产业内，安全服务则更多分散在诸如工业安全、个体防护等领域。因此，安全产业从概念上也许是"新生"事物，但其定义和分类则说明安全产业横跨众多已有和新兴产业的综合性领域，安全产业的发展特点和未来趋势，也需要参考其细分领域的发展规律和特点。从我国的安全产业定义和分类来看，可以从一个方面反映出全球的安全产业发展状况。

第二节 发展情况

一、总体规模近年来提速明显

因为不同国家对于安全产业的理解、定义不尽相同，这也导致不同咨询和预测机构对于安全产业的发展情况的数据并不完全一致。如据国际知名咨询机构弗里多尼亚集团公司（The Freedonia Group）2015 年发布的报告显示，由于近年来全球范围经济的走弱，社会公共安全感进一步降低，近 5 年来全球安全产业市场平均增长率达到了 7.4%，预计 2017 年全球安全产业市场将达到 2440 亿美元的水平。弗里多尼亚集团公司所指的安全产业，以公共安全和个人家庭防护为主，主要包括家庭和公司所使用的灭火器、火灾警报器、保险柜等安全产品，以及防盗、闭路电视、电子门禁等监控用装备，甚至囊括了炸弹监测以及监控装置等。在一般情况下，随着城市化水平的提升，人们对安全服务的需求也随之上升，由于犯罪和恐怖主义活动的猖獗，人们的安全意识也逐渐增强，让安全服务和安全装备的销售进一步走强，其中安全服务因受到经济社会发展水平和建造行业的影响，表现会更加强劲。

Homeland Security Research Corporation（HSRC）在 2015 年公布的报告则更加详细，HSRC 与弗里多尼亚集团公司不同，其更加专注国土安全与公共安全，并根据这一出发点对全球安全产业的规模进行了摸底和调查。报告数据显示，2015 年，全球安全产业销售收入和售后服务收入总计约 4160 亿美元，预计 2022 年全球安全市场将达到 5460 亿美元的水平。同时在报告中指出，由于近年来随着传感器和 ICT 技术的逐渐成熟，新的市场油然而生，并且带来了全新的商业机遇，曾经由美国和欧洲占市场主导地位的传统局面将在全球版图上发生"东移"。另根据联合国有关报告，自然灾害预防和应急装备市场规模在过去十年增长了 13%，在 2022 年将达到 1500 亿美元。

（亿美元）

图1-1　2011—2015年全球公共安全市场

资料来源：Homeland Security Research Corporation（HSRC）2015年报告，2017年2月。

二、美国依旧保持安全产业最大市场规模

美国从国家、公司到个人，都对安全生产和职业健康给予严格的要求和极大的关注。美国是全世界最大的工业国家，有近1亿的劳动人口。美国工业生产门类齐全，机械自动化程度高，劳动生产率、经济发展水平都位居世界前列。在美国，汽车生产制造和建筑业是其经济的两大支柱，并且其GDP位居世界首位。美国注重科技创新，在科技进步推动下，美国不断加速产业结构转型，由此带来了信息等高科技产业快速发展，产品更新换代不断加快，运用高新技术对传统产业进行改造随之加速进行。美国对安全防范措施非常重视，加大对基础设施的改造和建设力度，使美国对安全技术与产品需求逐年提升。美国FreedoniGroup的报告显示，美国安全服务产业市场将继续领先全球，在2016年达到全球市场份额的26%左右。由于美国安全产业市场相当成熟，其市场规模在2011—2016年间基本占据全球五分之一左右的份额，其年度增长率甚至低于全球平均速度。其次是巴西市场，在2011年，巴西占全球市场份额的7%左右，而2016年巴西的增长速度已略高于全球平均水平，成为继美国之后的全球第二大安全服务产业市场。在2016年，中国和巴西合计占据全球13%左右的市场份额。

三、龙头企业集聚趋势明显

当前，全球范围内，九成以上的安全产业市场份额由美国和欧洲地区企

业所垄断，美、欧地区拥有多家老牌安全产业企业，由于这些企业发展历史悠久，竞争力强，并且随着近年来不同国家对安全概念认识的加深，也由于全球范围经济压力带来的安全感缺失，导致这些安全产业企业的销售额不断取得突破，销售额稳步增长，利润节节攀升，引领着全球安全产业的发展方向。并且，随着安全咨询服务对安全工作带来的隐形效益逐渐显现，安全咨询成为不同国家安全监管部门和企业安全生产的重要组成部分，安全咨询的理念及方法，也受到许多大中型企业和行业管理部门的高度重视。这一现象推动并催生了安全咨询服务专业企业的出现，众多老牌安全产业企业也纷纷向这方向转型，其中美国杜邦公司是该领域的佼佼者，拥有安全行业咨询和服务的丰富经验。

表 1-2　全球主要安全技术装备生产企业

公司名称	国家	基本情况
3M 公司	美国	3M 公司市值超过 1000 亿美元，公司拥有 114 年的发展历史，产品种类超过 55000 种，包括研磨材料、胶带、黏着剂、电子产品、显示产品、医疗产品以及家庭产品等。
MSA（梅思安）	美国	MSA SAFETY（梅思安安全装备）是美国梅思安企业下属企业，2016 年销售额 3 亿美元。MSA 公司成立于 1914 年，目前已经发展成为行业内个人防护装备及火气监测仪表的最大制造商。
Honeywell（霍尼韦尔）	美国	2016 年全球总销售额为 393 亿美元，较 2015 年增长 2%，运营产生的现金流为 28 亿美元，其中约 55% 的营收来源于美国以外的地区。其下属的安全与生产力解决方案集团部门利润率为 14.3%。
Sperian（斯博瑞安）	法国	斯博瑞安（Sperian）是全球最大的个人安全防护设备专业生产商之一，前身是巴固德洛——欧洲巴黎交易所的上市公司，后于 2016 年被霍尼韦尔公司以 14 亿美元收购。
HALMA（豪迈集团）	英国	英国豪迈集团，主要产品涵盖过程安全、基础设施安全、医疗设备、环境与分析四个领域。旗下约有 40 家子公司，分布在 20 多个国家和地区，约有雇员 5000 名；运营主要集中在欧洲、北美洲和亚洲市场，客户遍及 160 多个国家和地区。
Draeger（德尔格）	德国	公司是医疗和安全技术的国际先行者，公司项目涵盖临床环境、工业、采矿或紧急服务等多个领域。公司 2015 年前半年销售额 5.408 亿欧元，2016 年上半年下降至 4.866 亿欧元。

续表

公司名称	国家	基本情况
UVEX（优唯斯）	德国	作为一家全球性企业，业务遍及全球50多个国家，而且积极推动各地安全活动。公司业务主要有四个方向：头部防护（安全眼镜/矫视安全眼镜/激光防护安全眼镜/安全头盔/听力保护/呼吸防护）、躯体防护、足部防护和手部防护。
Pensafe（攀士福）	加拿大	公司成立于1937年，一直致力于个人防护领域的锻造和冲压部件制造，其产品种类超过70个。为包括建筑、工业、救援和保护服务等行业提供诸如连接器、卡扣钩、成型钩、带扣、调节器、D形环、锚固连接器、防坠落器和抓斗等多种产品。

资料来源：赛迪智库整理，2017年1月。

在个体防护装备产业中，由于市场竞争激烈，优势企业通过并购重组不断蚕食市场份额，在眼部防护装备、听力防护装备、呼吸防护装备等细分领域中，国际大型企业已经几乎形成了"寡头"局面，占据大部分市场份额和绝大部分市场利润。

表1-3　全球主要个体防护生产企业情况

细分领域	代表企业	合计所占市场份额
眼部防护装备	斯博瑞安（Seprian）、3M、优唯斯（Uvex）	50%以上
听力防护装备	3M、斯博瑞安	50%以上
呼吸防护装备	3M、梅思安（MSA）、斯博瑞安、德尔格（Draeger）	80%以上

资料来源：赛迪智库整理，2017年1月。

四、细分领域特点各异

在安全装备和技术方面，据 Freedonia Group 发布的报告分析预计，在2022年之前，全球安全装备市场规模将至少保持7%的发展增速，在细分领域中将出现更高速度的增长率。报告中的数据显示，2015年美国道路安全装备和技术的全球市场约33.7亿美元，预计2019年该领域将继续保持高速增长，预计市场规模达到57.3亿美元，复合年均增长率高达11.2%。报告也对不同区域进行了分析，如2015年全球个体防护装备产业产值约300亿美元，2022年之前，该领域有望保持6.5%的复合增长率，而中国和印度近年来对安全装备需求急剧上升，复合增长率皆超过 10%，并且将继续保持这一速度。

在安全服务方面，随着全球经济改善和基础设施建设持续增长，尤其是巴西、中国、印度、墨西哥等发展中国家安全服务市场的持续发展，2010—2014 年私人签约安全服务年均增长率超过 7.4%，2014 年达到 2180 亿美元。预计到 2018 年，全球安全服务需求将以每年 6.9% 的速度增长，届时，市场规模将达到 2670 亿美元。分区域来看，亚洲、中南美洲、非洲和中东的发展中国家将是全球发展最快的市场，究其原因，与这些国家快速增长的经济、城市化进程、私人收入和外商投资推动等因素密不可分。巴西在 2013 年是紧随美国之后的全球第二大安全服务市场，预计到 2018 年前将以年均 11% 的增长速度发展。中国、印度、墨西哥和南非在全球安全服务市场中的份额虽然比巴西少，但增速也将达到两位数。

五、各国积极筹划布局

安全产业作为具有高增长潜力和高就业率特质的新兴产业，是国家综合国力、经济竞争实力的象征。特别是在当前全球经济形势低迷的情况下，全球各国政府高度重视安全产业的培育和发展。美国是最早提出"安全产业"概念的国家之一，在 2001 年 2 月美国公布的《21 世纪国家安全全国委员会报告》中，首次提到了其"国土安全"（Homeland Security）这一概念，可以说这是"安全产业"独立发展的最早来源之一。同时，美国也是全球安全产业市场份额最大的国家，市场份额超过六成。美国的"安全产业"重点关注国土安全、反恐安全等国家安全领域，"改善政府部门执行合作能力、强化调查起诉流程与措施、重整防范措施、打击恐怖主义金融"是当前美国国家安全产业的重点发展方向。

为确保欧洲在世界安全产业市场的领先地位，欧盟委员会早在 2012 年 7 月就发布了《欧盟安全产业政策》，这项政策在 2013 年和 2014 年逐步得到了落实。《政策》虽立足于提高欧盟安全产业的整体竞争力，但并不局限于安全产业本身，而是试图通过构建安全产业来促进欧盟经济繁荣、国家安全和社会稳定。然而由于日益激烈的国际竞争，欧洲企业在全球安全产业市场的份额不断下降。为挽回局面，欧盟在《欧盟安全产业政策》的战略核心"2020

展望"中，对"高经济增长率"和"高就业率"进行了多次强调，并在行动
计划中用标题的方式，直接表明欧盟意欲打造具有全球创新性和竞争力的欧
洲安全产业的主张，充分表明了欧盟委员会通过安全产业促进经济发展的决
心。当前整个欧洲依然经济发展低迷、政府赤字居高不下、失业率持续增加。
政府意识到了安全产业带来的经济机遇，出台具体的措施来应对美国、中国
等强大对手的竞争压力，以抢占全球安全产业市场制高点，确保其"先行者
优势"不会在与后者的竞争中丧失。

英国是欧洲国家在国土安全领域的核心和枢纽，英国安全产业在民间主
导下，成立相关专业、半官方以及非官方的机构众多，并已建构完成一个完
善的协调支持网络，为此，欧洲区域以及国际性的安全产业相关研讨或展览
经常以英国作为据点国家。

第三节　发展特点

一、科技投入成为企业提升自身实力主要选项

产业的发展需要依靠数量众多的企业共同发展壮大才能完成，因此企业
的发展成为安全产业发展的核心内容之一。而无论企业选择什么样的发展模
式，科学技术都成为安全产业企业降低生产成本、提高产品可靠性的有效手
段。2014年以来，随着各国对科技进步的重视及全球科技的快速发展，节能
环保技术、清洁能源、生物技术、先进材料等不断融入到安全生产、应急救
援产品和装备中，尤其是云计算、物联网等新兴信息技术的应用，大幅提高
了产品与装备的自动化、智能化水平。发达国家许多安全产业企业都非常重
视科技的投入，如霍尼韦尔、德尔格等大型企业，通过持续不断的科技投入
与创新来优化企业管理流程、降低生产成本、提高产品可靠性，找到了企业
持续发展壮大的有效手段。

二、信息技术应用水平日益加深

除了在科技上大力投入外，国外安全产业与信息技术的结合不断加深，

信息技术应用水平不断深化。以发达国家为例，在云计算、物联网等新一代信息技术的发展应用中，发达国家一方面注重对信息技术的研发和投入，另一方面在借助技术推动产业发展上也同样重视。如发达国家积极利用计算机、网络技术不断完善管理信息系统，以实现对信息资源要素的统一管理、数据规范和资源共享，发挥信息技术在技术产品研发方面的推动作用。如美国在矿业采掘行业中，积极利用计算机模拟、虚拟现实等技术进行远程操控优化，达到灾害救援、降低灾害损失的目标，并且在行业中大力推广应用，减少了矿山意外险情，提高了矿山安全水平和救援效率；英国危险物质咨询委员会则开展了针对重大危险源的识别、评价和控制技术研究，并高度重视信息管理、风险分析、决策支持和协调指挥等应急管理技术的应用，建立了统一协调、信息共享的应急平台体系，在决策支持、风险控制等发面发挥了重要作用。信息技术在安全产业中发挥着越来越重要的推动作用。

三、跨国发展成为企业规模化的重要选择

跨国发展是许多大型企业的发展方向，安全产业企业也不例外，发达国家许多大型的安全产业企业公司或集团的业务范围遍及多个国家和地区，如3M公司在全球65个国家和地区设有分支机构，在29个国家建立生产线，在超过35个国家中设有实验室，其业务范围涵盖全球近200个国家，其中美洲地区占50%、欧洲占45%、其他地区占5%。跨国发展不单是企业发展的需要，也是企业实力的象征，跨国发展也可以集聚不同区域的人才优势、市场优势、融资优势、区位优势、当地政治优势等，安全产业企业借助这些跨国优势和利益可以更好地实现企业自身的规模化、集聚化发展。

表 1-4　独资、合资形式进入中国市场的部分国外企业

企业名称	地点	分公司名称	主要经营范围
霍尼韦尔	上海	霍尼韦尔（中国）公司	安全、火灾与气体探测，防护设备，消防系统，消防救援防护装备，消防外设，高级纤维和合成物。
杜邦	深圳	杜邦中国集团有限公司	杜邦安全防护平台致力于开发解决方案，保护人们的生命、财产、业务经营和我们赖以生存的环境。包括食品、营养、保健、防护服、家居、建筑甚至环境方案。

续表

企业名称	地点	分公司名称	主要经营范围
3M	上海	3M 中国有限公司	职业健康及环境安全、防腐及绝缘、反光材料、防火延烧、交通安全。
梅思安	无锡	梅思安（中国）安全设备有限公司	行业内个人防护装备及火气监测仪表的最大制造商；呼吸防护产品，头、脸、眼、听力、手、足、身体防护产品，跌落防护产品，消防设备产品，便携式和固定式仪表产品。
德尔格	北京	北京吉祥德尔格安全设备有限公司	重点关注个人安全和保护生产设施；固定式和移动式气体检测系统，呼吸防护、消防设备、专业潜水设备，酒精和毒品检测仪器。
斯博瑞安	上海	巴固德洛（中国）安全防护设备有限公司	专注于个人防护产品；产品范围涉及全系列头部保护产品（眼/脸部、听力和呼吸）和身体防护产品（坠落、手套、防护服和安全鞋）。
奥德姆	北京	北京东方奥德姆科技发展有限公司	气体检测设备。
优唯斯	广州	优唯斯（广州）安全防护用品有限公司	头部防护（安全眼镜/矫视安全眼镜/激光防护安全眼镜/安全头盔/听力保护/呼吸防护）、躯体防护、足部防护和手部防护。

资料来源：赛迪智库整理，2017 年 1 月。

表 1-5 通过代理商进入中国市场的部分国外企业

企业名称	国家	主要产品
DPI 公司	意大利	呼吸防护器及空压设备
Draeger 公司	德国	呼吸器
METROTECH 公司	美国	探测仪
ITI 公司	美国	安防、火警报警系统
RAE 公司	美国	气体检测仪
Aearo 公司	美国	个人防护用品

资料来源：赛迪智库整理，2017 年 1 月。

四、企业呈现多元化、专业化发展格局

发达国家安全产业企业经过长时间发展壮大，主要形成了两种发展模式：一种是从事的安全产业相关产品种类较多，呈多元化模式发展。多元化发展

的企业追求安全产业产品的"大而全"，产品涉及产业上下游的方方面面，同时注重产品的集成以及成套安全装备的研发，典型代表如霍尼韦尔、3M、杜邦等公司。另一种是企业推出的产品种类较为单一，企业走专业化模式路径。这类企业追求安全产品的"小而精"，始终保持自身产品在技术和性能等方面走在行业前沿，典型代表如梅思安（MSA）、德尔格、斯博瑞安（SPERIAN）等公司。企业在发展过程中根据自身实力和特征的差异，选择适合企业发展的路线，发展模式，这是企业根据市场、自身技术实力自然发展的结果。

表 1－6　国外先进安全产业企业两种发展模式

模式	发展特征	特征	优势
多元化	追求产品覆盖产业上下游的"大而全"发展模式，产品涉及各种类目	企业实力雄厚，具备较强的资金、技术、人才等基础	充分发挥企业自身在资金、人才等方面的优势，提升企业整体实力；利于实现资源的优化配置，降低生产成本；利于实现成套设备的生产，提高设备的整体性能
专业化	追求产品研发和出品的"小而精"发展模式，保持自身产品在技术和性能等方面始终处于行业领先地位	企业实力一般，集中精力发展某一类或几类产品	解决了自身资金、人才等资源不足的问题；利于提高产品的质量和可靠性，实现产品的高端化发展

资料来源：赛迪智库整理，2016 年 1 月。

第二章 2016 年中国安全产业发展状况

2016 年，相继出台了多项推动安全产业发展的政策措施。得益于国家"互联网＋"发展战略，安全产业与互联网结合进一步紧密，"互联网＋安全"深入多个重点领域和产品，发展步伐进一步加快，同时，安全产业社会中介组织不断发展壮大。但也需要看到，安全产业发展依然存在多方面的问题：一是产业推进机制尚需进一步建立健全；二是安全产业整体规模依然偏小，龙头企业带动乏力；三是标准工作亟须加强，产业标准有待完善；四是安全科技基础薄弱，高端人才极度缺乏；五是安全产业园区趋同化竞争严重，本土优势尚未得到发挥。鉴于此，本书有针对性地提出了建立健全安全产业发展顶层设计，努力提高企业竞争力、打造龙头企业，通过标准化建设助推安全生产工作，拓宽融资渠道、建立健全金融服务体系，因地制宜、积极塑造特色园区等发展建议。

第一节 发展情况

安全产业是为安全生产、防灾减灾、应急救援等安全保障活动提供专用技术、产品和服务的产业。安全产业是伴随工业化和安全技术发展而产生的一个产业集群，安全产业的发展直接或间接地反映了一个地区、一个国家在某一时期的工业化程度、安全技术水平和产业安全发展层次。随着我国经济进入中高速发展阶段，特别是进入工业化中后期以来，安全生产的深层次问题也日益突出。2016 年，为有效保障国民经济安全发展，党和国家对安全保障提出了更高要求，国家相继出台了推进安全产业发展的一系列政策措施，经过努力取得了明显的成效，主要表现在：

一、产业发展的政策措施得到完善

随着我国安全生产工作的不断加强，对于安全技术、装备和服务的要求受到日益重视。2016 年 7 月，习近平总书记强调"在煤矿、危化品、道路运输等方面抓紧规划实施一批生命防护工程，积极研发应用一批先进安防技术，切实提高安全发展水平"。为促进科技成果转化，解决近年来安全技术装备研发成果应用推广进展缓慢的问题，2016 年，国家安全生产监督管理总局出台《关于推动安全生产科技创新的若干意见》，旨在倡导安全生产科技创新，加快科技成果转化推广。同年，工业和信息化部在《深入推进新型工业化产业示范基地建设的指导意见》中将安全产业列入其中，在《中国制造 2025》和《智能制造试点示范 2016 专项行动实施方案》中都提出了加强安全生产技术改造与智能化的要求。在政策环境持续优化的背景下，2016 年我国积极推广应用先进适用的技术与装备，发布了重大事故防治关键技术科技项目 244 个，引导社会资金 30 余亿元进行科技攻关；推进高危行业领域"机械化换人、自动化减人"，10 家试点企业的 68 个危险岗位、关键环节减少用工 1203 人，减少幅度达 64%。

表 2 - 1 2016 年我国关于安全产业的主要文件

发布机构	文件名称	关于安全产业主要内容
工业和信息化部、财政部、国土资源部、环境保护部、商务部	《深入推进新型工业化产业示范基地建设的指导意见》（工信部联规〔2016〕212 号）	（六）新产业、新业态示范基地。 鼓励、引导和支持新兴产业领域示范基地的培育，重点推动工业设计、研发服务、工业物流等服务型制造领域、节能环保安全领域，以及围绕"互联网＋"涌现的新产业、新业态发展。……培育高效节能、先进环保、资源循环利用、安全产业、应急产业等新产业和新业态，促进创新链、产业链与服务链协同发展。
国家安全生产监管总局	《关于推动安全生产科技创新的若干意见》（安监总科技〔2016〕100 号）	（十三）不断壮大安全产业。 加强规划布局、指导和服务，构建互联网＋智能安全产业体系和安全产业投融资服务体系，加快做大做强安全产业，提升安全生产先进技术装备供给能力。鼓励有条件地区发展各具特色的安全产业集聚区，打造区域性创新中心和成果转化中心，建设一批国家安全产业示范园区，推动安全产业集聚发展。

发布机构	文件名称	关于安全产业主要内容
党中央、国务院	《关于推进安全生产领域改革发展的意见》	健全投融资服务体系，引导企业集聚发展灾害防治、预测预警、检测监控、个体防护、应急处置、安全文化等技术、装备和服务产业。
国务院办公厅	《安全生产"十三五"规划》	继续开展安全产业示范园区创建，制定安全科技成果转化和产业化指导意见以及国家安全生产装备发展指导目录，加快淘汰不符合安全标准、安全性能低下、职业病危害严重、危及安全生产的工艺技术和装备，提升安全生产保障能力。

资料来源：赛迪智库整理，2016年2月。

当前，我国安全产业已经初具规模。根据抽样调查和估算，我国从事安全产品生产的企业已超过4000家，安全产品年销售收入超过6000亿元，市场总体规模在万亿左右。其中，制造业生产企业占比约为60%，服务类企业约占40%。从区域来看，东部沿海地区安全产业规模相对较大，不少优秀企业迅速崛起，销售额稳步增长，利润丰厚，竞争力强，引领区域安全产业快速发展。

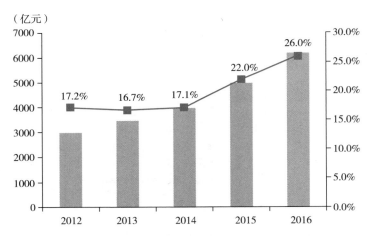

图2-1　2012—2016年我国安全产业规模

资料来源：赛迪智库整理，2016年2月。

二、"互联网＋安全"深入各重点领域和重点产品

以智能制造和"互联网＋"为引领，许多安全生产技术与装备属于传统行业，先进制造技术和新一代信息技术正在对传统的技术与装备加速渗透与改变，进行着改造提升，"互联网＋安全"已深入安全领域各行各业。2016年，针对我国安全生产情况和特点，重点研发了道路交通、建筑施工、市政管网、消防化工、应急救援等重点多发易发领域的安全保障技术，推出了一批重点产品和项目。此外，"新一代智能安全产品现场演示会"的多次举办，对于相关安全产品的应用和推广起到了积极的促进作用。

例如，智能化提升道路交通安全水平。道路交通事故伤亡高居安全事故首位，解决这一难题，对我国安全生产形势好转至关重要。运用互联网技术，提高交通安全路、车、人三方面的本质安全水平，对改善交通安全意义重大。2016年，互联网在交通安全方面以道路运输重点营运车辆管理平台完善、车联网＋汽车主动安全防撞系统应用、新型安全智能远程实时监控、防撞护栏建设等为重点，大力促进智能交通安全水平的提升。

三、产业集聚引领示范园区加快发展步伐

安全产业园区建设是安全产业企业集聚发展的载体和根本。为落实《关于促进安全产业发展的指导意见》中"建立一批产业技术成果孵化中心、产业创新发展平台和产业示范园区（基地）"的主要发展目标，自2013年起，工业和信息化部与国家安全生产监督管理总局先后将江苏省徐州安全科技产业园、辽宁省营口市中国北方安全（应急）智能装备产业园、安徽省合肥高新技术产业开发区共3个产业园区列为国家安全产业示范园区创建单位。当前，这些园区建设已初具规模，正进入快速发展阶段。2016年，我国政府继续积极支持安全产业发展基础好、有潜力的地区开展安全产业园区（基地）的创建工作，工信部在《深入推进新型工业化产业示范基地建设的指导意见》中将安全产业列入其中；山东省济宁市已被正式批准为国家安全产业示范园区，安全产业园区引领安全产业发展的步伐。

以济宁高新区安全产业为例，依托济宁市煤炭生产基地和工程机械产业

基地的优势，济宁高新区聚集了巴斯夫、浩珂、科大机电、高科股份、拓新电器、中煤操车等矿用安全产品和设备生产企业，英特力光通信、赛瓦特等应急通信企业，激光研究所、广安科技、济宁国翔等物联网应用企业，为济宁高新区的安全产业发展奠定了一定的产业基础。据不完全统计，高新区内安全产业生产相关企业共40余家，销售收入达40多亿元。

表2-2 我国四个安全产业示范园区（基地）及特色

园区	特色
徐州安全科技产业园	●以其较好的煤炭工业基础、丰富的高校科研资源、优越的地理位置和巨大的市场需求，主攻矿山安全科技和矿山物联网技术。 ●科研实力雄厚。 ●区位优势明显。
中国北方安全（应急）智能装备产业园	●凭借雄厚的装备制造产业基础和独特的区位优势，着力发展安全装备产业。 ●科研资源丰富。 ●海、陆、空交通便捷。
合肥国家高新技术产业开发区	●结合园区的新一代信息技术优势和其交通安全产业、矿山安全产业、火灾安全产业、电力安全产业及信息安全产业等五大产业集群的布局特点，重点以信息技术为突破口发展安全产业。 ●科研基础扎实。 ●基础设施和综合配套完善。
济宁高新区安全产业园区	●安全产业企业主要集中在装备制造领域，产品主要属于工程机械、矿山安全产品和应急处置救援产品等细分领域。 ●安全服务企业较少，但惠普软件产业基地为软件服务在安全产业领域成长提供了良好条件

资料来源：赛迪智库整理，2016年2月。

表 2 - 3　济宁市高新区主要安全产业装备制造企业

细分领域	代表企业
工程机械	山推工程机械股份有限公司
	小松山推工程机械有限公司
	小松（山东）工程机械有限公司
矿用安全产品	巴斯夫浩珂矿业化学（中国）有限公司
	山东祥通橡塑集团有限公司
	捷马（济宁）矿山支护设备制造有限公司
	山东科大机电科技有限公司
	济宁高科股份有限公司
	济宁山矿建材机械有限公司
	山东山防防爆电机有限公司
应急处置救援装备	山东英特力光通信开发有限公司
	山东赛瓦特动力设备有限公司
	山东沃尔华集团有限公司

资料来源：赛迪智库整理，2016 年 2 月。

四、产融结合激发安全产业发展动力

设立安全产业发展投资基金是促进安全产业投融资平台建设的实质性举措。投资基金的使用进一步激发了安全产业发展动力。2016 年 10 月，我国首支地方安全产业发展投资基金落户徐州，该基金重点支持安全领域新技术、新产品、新装备、新服务业态的发展，总规模为 50 亿元。这支基金的成立是自 2015 年 11 月工信部、国家安监总局、国家开发银行、平安集团签署《关于促进安全产业发展战略合作协议》以来，通过产融结合促进安全产业发展的有益尝试，对于探索地方政府与社会资本合作推进产业发展模式具有重要意义。协议签署当日就签约了建筑安全集成平台研发制造等 6 项安全产业项目。

表 2 - 4 基金支持的主要方向

主要方向	具体内容
先进安全技术、产品（装备）研发与产业化项目	与安全生产、防灾减灾、应急救援紧密相关，具有自主知识产权，对防范和遏制各类安全事故、提高本质安全水平具有良好效果的技术与产品，包括：先进安全材料、先进个体防护产品、应用于高危场所作业的智能装备、安全部件、本质安全工艺技术和系统、防爆电器等专用安全产品，以及安全监测、防护、救援技术与产品等
智能交通主被动安全技术、产品研发与产业化项目	包括：先进的汽车高级辅助及自动驾驶系统、行车环境与驾驶员状态监测/监控/警报系统、驾驶员与车辆认证/管理/服务系统、减轻碰撞伤害技术、防止碰撞火灾扩大等技术、紧急救援系统和检验检测平台等汽车主被动安全产品（装备），面向火车、船舶、飞机等交通工具的智能主被动安全产品等
高危行业安全技术改造项目	有利于促进煤矿、矿山、危化品等高危行业安全隐患治理，提高企业安全生产工艺技术和装备水平，提升企业安全生产事故预测预警能力的项目，包括：民爆、化工等危化品企业安全技术改造项目，城镇人员密集区域高危产品生产经营企业搬迁改造项目等
安全产业领域内企业的兼并重组项目	企业以兼并、合并、重组、资产收购、参股、控股、联合经营、合资合作等多种方式开展的兼并重组项目
公共安全基础设施建设项目	包括开发区、工业园区、港区等功能区以及城市社区、公路交通等安全基础设施建设项目
安全产业投资子基金类项目	包括地方安全产业发展投资子基金、行业安全产业发展投资子基金等

资料来源：赛迪智库整理，2016 年 2 月。

为配合（中国）安全产业投资基金支持先进安全技术和产品的需要，工信部和国家安监总局将出台《安全产业投资基金项目遴选管理办法》。具体办法是通过地方工信、安监等部门，有关中央企业、部委直属单位、相关协会，征集先进安全技术与产品、高危行业安全技术改造、安全产业领域内企业的兼并重组、地方安全产业投资子基金等四个方面，为安全生产、防灾减灾、应急救援等安全保障活动提供支撑的项目。

此外，国家安监总局和财政部 2012 年出台的《企业安全生产费用提取和使用管理办法》和正在修订的《安全生产专用设备企业所得税优惠目录（2016 版）》，以及各地方上千亿元的安全生产专项费用等，都从财政和税收等方面为安全技术、装备和服务提供了可靠保障。

五、社会中介不断发展

中国安全产业协会自 2014 年 12 月成立，积极发挥企业与政府间的桥梁、纽带作用。2016 年，中国安全产业协会通过运作机制创新、会员服务模式创新、市场开发机制创新等手段，在政策研究、标准制订、产品推广、市场开拓、投资服务、信息交流等方面，为政府和企业提供了高效、优质、满意的市场化中介服务，助力国家财政、金融等一系列政策的落实，极大推动了我国安全产业发展。一是国务院、工信部、安监总局等多部门与地方领导视察协会工作，为协会发展指导建言。二是产业基地不断发展壮大，已扩大至重庆、徐州、襄阳、怀安、营口、西藏等 19 个地区。三是中国安全产业协会公共安全监控中心正式启动，为安全产业信息化建设提供了有力保障。四是 2016 年成立了建筑、矿山、石化、电子商务等四个分会，分会数量达到 6 个，会员总数近千家。

第二节　存在的问题

一、产业发展的推进机制尚需建立健全

由于安全产业顶层设计不够，促进安全产业发展的体制机制亟待完善。国家层面工信和安监部门配合较好，而在地方则缺少必要的协调机制，特别是由于国家安全监管体制和处罚机制的影响，各级工信部门对于"安全"问题重视不够，没有明确与部级管理部门相对应的安全产业负责部门，也直接影响到促进安全产业发展上下沟通机制的建立健全。同时，在支持安全产业发展中，也缺乏与其他部委的沟通联络机制，不能很好地利用各方面资源促进安全产业发展。

安全产业支持政策亟须落实。国家财政、金融、税收、保险等支持政策的指向不够明确，尚未在安全产业发展中发挥应有的推动作用。例如，保险业与安全产业是一对天生的合作伙伴，并且在国外已取得了一定的发展。但目前我国企业投保的积极性不高，覆盖率较低，且险种较少。安全生产责任险也多集中在高危行业，亟待向安全生产重点领域扩展。应增加强制手段，

强化对企业主体责任的要求，减轻对从业人员的保险责任要求，加大保险费率浮动与上年度安全生产状况挂钩力度等。

二、产业规模较小，龙头企业带动作用缺乏

目前，我国安全产业规模已超过 6000 亿元、企业超过 2500 家，安全产业已取得较快发展，但与经济发达国家相比，我国安全产业产值占比较小，尚属于弱势产业。究其原因：一是尽管明确规定了安全产业的定义，但政府相关部门及企业对安全产业认可度相对较低；二是国家统计局目前尚未有安全产业的专门统计口径，国家发改委也没有该产业目录。产业的社会认可度缺失，影响和制约了安全产业的发展。从实际情况看，以安全产业发展较好的合肥为例，安全产业为合肥高新区第二大产业，但与位列第一的家电制造业相比，相差甚远。

并且，我国安全产业企业以中小型企业为主、民营企业居多，缺少带动性强、效益好的龙头企业。特别是随着经济结构调整，制造业普遍经济效益下滑，一些区域性优势企业直接影响到当地相关产业链。如徐工集团等工程机械大企业自身面临发展困境，对于一些为其配套的中小企业简直就是灭顶之灾。同时，当前中小型企业和民营企业融资难的问题在安全产业中尤为突出。这些中小型企业由于资金有限，产品附加值不高，加上金融机构对行业中小型企业和民营企业的信用评级偏低，进一步增加了企业融资难度。

三、标准工作亟须加强，产业标准有待完善

标准对于产业的发展具有重要的支撑作用。我国安全产业标准制订工作取得了长足发展，但仍不够完善，缺乏统一规划。一是国家与行业两级标准间，以及各类行业标准间缺乏协调，标准对象存在一定的交叉、重复。例如，尽管我国煤炭行业已经制定了许多关于井下传感器和通信的标准，但远不能满足矿山物联网快速发展的需要，标龄老化问题日益突出。安全标准缺失已严重制约着矿山物联网的发展，影响着矿山物联网应用由工作面向采区、煤矿、矿区的拓展。二是标准没有统一的指导思想，既有单纯的安全标准，又有包括环境适用性能及安全性能等全部要求的总规范性质的标准；工业行业安全生产标准管

理范围和起草渠道依然不够畅通，部委、协会和行业之间的沟通协调存在空白。三是新《安全生产法》为进一步健全安全生产领域法律法规体系以及各项制度、标准提供了有利条件，但相关的配套细则和政策措施亟须落实到位，在国家规划、各项法律法规以及安全标准的框架下规范、有序发展。

四、安全科技基础薄弱，高端人才极度缺乏

科技实力是安全产业发展的科技基础。由于我国产业基础薄弱，而且科技上起步晚，很多关键技术没有很成熟。支撑安全科技研发的检测检验、试验测试、安全科技支撑体系建设相对滞后，整体规划和系统设计不完善。一方面，产学研互动性还不强，"有技术没产业，有产业没技术"，科研院所产业化动力不足，产业科技"两张皮"现象突出，科技研发和产品推广缺乏足够支持；另一方面，已经成立的科研院所，如"合肥公共安全技术研究院"应当是该产业发展的一个很好平台，但由于其责权利尚不明确，运行机制尚不完善，因此各项工作还未步入正轨，平台作用也还未得到有效发挥。

安全产业属于跨领域整合型的产业，涵盖范围几乎遍及各个领域。人才是自主创新能力提升的基础，安全产业高端人才"引不来、留不住"的现象较为突出。例如，合肥市是中部地区距离长三角最近的省会城市，是长三角向中部地区产业转移和辐射的最接近区域，与北京、上海、广州等发达地区相比，在吸引人才方面不存在优势，高级人才资源相当匮乏。相关人员技术素质不足，特别是高危行业企业信息化人员紧缺矛盾突出，既懂安全生产又懂信息技术的专业化、复合型人才严重匮乏。

五、园区趋同化竞争严重，未充分发挥本土优势

从已有的安全产业园区定位来看，产业内容相对单一。除西部安全（应急）产业基地的产业综合发展外，其他园区多集中在产品制造方面，尤其是矿山安全产品、应急救援产品，安全服务业和其他行业领域的安全产品十分缺乏。特别是有些安全产业园区为短期内形成大规模产能，基本上延续了"投资驱动"和"规模扩张"的老路，未经深入调研，不顾当地产业集聚的条件，进行盲目建设，致使一些园区名称不同，内容雷同，同质化现象非常严重。

因地制宜，发挥优势，是产业布局规划最核心最基本的原则。从目前安全产业各园区规划来看，在考虑做大做强园区产业规模的对策建议时，无一例外地都提到加大招商引资力度。如徐州在发展应急产业时，也强调了引进国外的龙头企业，但徐州本地便拥有徐工集团这样的我国工程机械领域的翘楚，其生产的大型起重机、挖掘机、破障机等本身就可作为抢险救援工程机械。同时，徐州市的安全产业主要集中在高新区内，园区内产值规模最大的四家企业分别是徐州天地重型机械制造有限公司、肯纳金属（徐州）有限公司、爱斯科（徐州）耐磨件有限公司和徐州良羽科技有限公司。这些企业生产的产品种类众多，技术先进，短时间内足以满足园区内安全产业多领域发展的要求。

第三节　对策建议

一、建立健全安全产业发展的顶层设计

根据我国经济社会的发展和安全形势的需要，以及安全产业发展的变化趋势，有必要在《关于促进安全产业发展指导意见》基础上，由国务院出台专门的文件，明确支持安全产业发展的政策。制订推进安全产业发展的指南、专项行动计划、产品分类和推荐目录、标准体系建设等政策措施。具体而言：第一，积极将安全产业纳入《中国制造2025》制造强国战略和《智能制造试点示范2016专项行动实施方案》支持范畴；加快出台《国家安全产业示范园区（基地）管理办法》，推动安全产业集聚发展，确保园区创建规范，有序发展。第二，以《安全产业重点项目遴选管理办法》出台为契机，支持安全领域新技术、新产品、新装备、新服务的发展；及时发布《推广先进安全技术装备目录》和《淘汰落后安全技术装备目录》，试行负面岗位清单制度，淘汰一批不符合安全标准、安全性能低下、职业病危害严重、危及安全生产的工艺、技术和装备，引导企业使用先进安全技术装备。

二、提高企业竞争力，打造龙头企业

加快安全产业企业的培育，引导和扶持大企业，夯实产业发展基础。一

是鼓励有实力的大型企业通过参股、控股或兼并等方式进入安全生产装备产业领域，加快形成一批具有产业优势、规模效应和核心竞争力的大公司、大集团。二是通过支持一批龙头企业发展壮大，加强配套服务，完善产业链条，形成聚集效应，以降低企业成本和刺激创新。企业要想走出低价格、低利润竞争的恶性循环，必须高度重视关键安全技术研发，用具有竞争力的技术成果支撑产品质量优化。三是加强技术的前瞻性与市场的导向性的有机结合。新产品、新技术必须紧跟产业发展趋势，只有基于市场需求的研发投入，才能够为我国安全企业的创新不断注入活力，才能在第一时间内发现市场需求，并且拥有解决需求的能力。鼓励支持高校、科研院所等单位的科技人员加快科技成果转化，创办高科技类型的安全产业企业。

三、通过标准化建设助推安全生产工作

一是进一步完善安全生产标准化建设，及时研究和制（修）订重点行业领域安全生产标准，尽快解决安全标准缺失、标龄老化、内容重复交叉等问题。加快煤矿、非煤矿山、危险化学品、烟花爆竹、金属冶炼、职业病危害防治、应急救援等高危行业领域及个体防护领域安全生产技术标准体系建设，提升标准的科学性和针对性。二是提高行业安全准入门槛。发挥工业和通信业行业管理优势，通过强化工业和通信业行业安全生产标准建设，把安全生产标准和职业健康标准要求及时纳入行业管理指导意见、行业准入规章制度等。结合产业布局和行业发展需要，淘汰无安全保障的企业，提升企业的安全保障能力。三是发挥标准化机构、行业协会、科研院所的作用。开展政策、标准、规范的制（修）订。在科研项目立项考核指标中加大技术标准的比重，注重与国际先进的安全生产技术标准接轨，推动先进适用技术创新成果向标准规范的转化，促进新技术、新装备、新材料在安全生产领域的应用。

四、拓宽融资渠道，建立健全金融服务体系

运用市场化机制，加快形成多渠道、多层次、多元化的金融服务体系。一是创新投融资模式。支持金融机构与地方政府合作设立地方安全产业发展投资子基金；鼓励行业龙头企业参与设立行业安全发展投资子基金。采取竞

争性扶持方式，"多中选好、好中选优"，不搞平衡，确保支持的项目真正符合产业的发展要求，重点发展。引导放大，充分发挥专项资金的杠杆作用和乘数效应，引导社会资本投入，带动产业发展。二是引导保险资金参与安全领域技术装备的推广应用。可借鉴《关于开展首台（套）重大技术装备保险补偿机制试点工作的通知》，由保险公司针对先进安全技术装备特殊风险定制综合险，直接将赔款补偿给安全技术装备的购买方，采取生产方投保，购买方受益的做法，利用财政资金杠杆作用，以市场化方式分担用户风险。三是充分发挥财政资金引导作用和科技中介机构的成果筛选、市场化评估、融资服务、成果推介等作用，积极探索企业"研发众包"等新模式，更加经济、便利地获得科技成果，加快重大技术装备推广应用。

五、因地制宜，积极塑造特色园区

各园区应结合自身产业特色、发展优势等，塑造园区竞争新特色。例如，重庆市侧重发展应急产业、江苏徐州大力推动矿山物联网建设、辽宁营口以安全（应急）装备为核心、安徽合肥以新一代信息技术应用为重点等，均充分发挥了比较优势，使特色产业的竞争力更加凸显，激发了产业活力，增强了区域产业整体竞争力。为此，一是制订科学的安全产业发展规划，以现有安全产业示范园区、示范基地、示范城市为基础，结合其在制造业、服务业等领域的已有优势，将安全产业作为战略性新兴产业加以大力培育和发展，选准选好项目，以具体项目的实施促进企业转型升级和技术创新，共同打造具有发展特色的安全产业示范园区。二是规范安全产业示范园区建设。研究制定安全产业示范基地标准、管理办法，示范企业和项目目录等政策性文件，并随着科技、管理的创新逐步提高安全产业示范基地的创建标准，严格准入条件。三是坚持对已授牌的安全产业示范基地进行跟踪指导，各地要同步制订推进安全产业示范基地建设工作的具体办法，明确相应的支持措施，集中各类扶持鼓励政策，发挥政策的"组合拳"作用，形成合力，推试点、促创新。

行业篇

第三章 道路交通安全产业

道路交通安全产业是为道路交通安全提供产品、技术与服务保障的产业，道路交通安全与产业发展水平紧密相关。随着我国道路基础设施建设投资逐年上升，基础设施市场随之发展潜力巨大，道路安全设施装备及维护服务市场前景光明。我国作为车辆保有率世界第二的汽车大国，汽车安全防护市场前景广阔。同时，随着车联网政策的不断优化，车联网市场将随着车联网技术的进步得到快速发展。在当前车辆主动驾驶技术发展迅速的情况下，辅助驾驶相关产品市场将成为新增长点，ADAS 商业化程度逐渐提高。

第一节 发展情况

一、道路交通基本情况

机动车驾驶人增幅明显。驾驶人总数稳步上升，截至 2016 年 9 月，全国机动车驾驶人达 3.5 亿人，其中汽车驾驶人超过 3 亿人，较 2015 年末增长约 2200 万人，占全国驾驶人总量比例有所上升。驾龄不满一年的驾驶人有 3441 万人，占驾驶人总数的 9.8%；2016 年前三季度全国新领证机动车驾驶人 2831 万人，比 2015 年同期增长 53 万人，同比增长 1.9%。

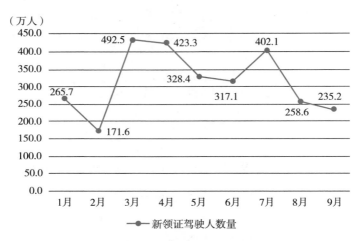

图 3 - 1　2016 年 1—9 月新领证驾驶人数量变化图

资料来源：交通运输部，2017 年 2 月。

机动车保有量稳步增加。截至 2016 年 9 月，全国机动车保有量达 2.8 亿辆，其中汽车保有量为 1.9 亿辆；前三季度全国汽车新注册登记量达 1919 万辆，较 2015 年同期增加了 244 万辆，同比增长 14.6%。全国汽车保有量超过百万量的城市由 2015 年底的 40 个增加至 47 个，汽车保有量超过 200 万辆的城市由 11 个增加至 2016 年 9 月的 16 个，分别为北京、成都、深圳、重庆、上海、苏州、天津、郑州、西安、杭州、广州、武汉、石家庄、南京、青岛、东莞。

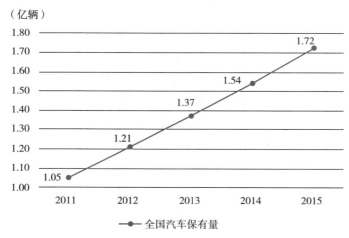

图 3 - 2　2011—2015 年全国汽车保有量

资料来源：交通运输部，2017 年 2 月。

公路建设成果显著。第一，公路覆盖水平稳步提升。交通运输部公布的数据显示，截至 2015 年末，全国公路总里程达到了 457.73 万公里，比 2014 年增加 11.34 万公里；公路密度 47.68 公里/百平方公里，年增加 1.18 公里/百平方公里；公路养护里程 446.56 万公里，占公路总里程的 97.6%。第二，全国等级公路总里程及占比均有上升。2015 年全国等级公路里程 404.63 万公里，比上年末增加 14.55 万公里；等级公路占公路总里程的 88.4%，较上年增加 1.0 个百分点；二级及以上公路里程共计 57.49 万公里，占公路总里程的 12.6%，较上年增加 2.92 万公里，占比提高了 3.0 个百分点。

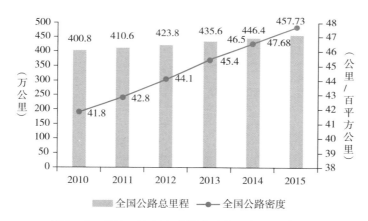

图 3 - 3　2010—2015 年全国公路总里程及公路密度

资料来源：交通运输部，2017 年 1 月。

二、道路交通安全事故情况

我国对道路交通安全重视程度提高，但总体形势依然严峻。2015 年，交通运输部、公安部、国家安全生产监管总局联合发布了《关于印发 2015 年"道路运输平安年"活动方案的通知》（交运发〔2015〕23 号），决定开展为期三年的"道路运输平安年"活动，以深入贯彻落实党的十八大和十八届三中、四中全会精神，加强"平安中国""平安交通"建设。2016 年，三部委联合发布了《关于印发 2016 年"道路运输平安年"活动方案的通知》（交运发〔2016〕46 号），持续推进 2015 年"道路运输平安年"工作，在我国车辆保有量快速上升的情况下，有效确保了我国道路交通安全水平不断提高。近年来道路交通万车死亡率逐年下降（见图3-4），2015年为2.08，死亡人数约为3.58万人，与美国、日本等发达国家的差距仍然明显。2016年1—8月，道路交通安全形势稳定，道路运输业发生1起特别重大事故、5起重大事故，占1—8月间重特大事故总量的26.1%，分别为湖南郴州"6·26"特别重大道路交通事故、天津津蓟高速"7·1"重大道路交通事故、山东淄博市"8·11"重大道路交通事故、贵州安顺市"8·20"重大道路交通事故、云南红河州"8·22"重大道路交通事故、广西南宁市"8·28"重大道路交通事故。

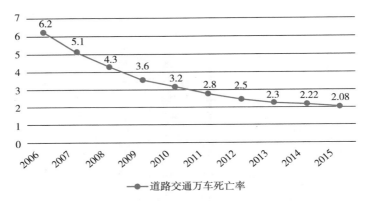

图3-4　2006—2015年全国道路交通万车死亡率

资料来源：交通运输部，2016年1月。

第二节　发展特点

一、道路交通安全产业发展潜力巨大

道路安全基础设施市场潜力巨大。我国道路交通基础建设投资逐年上升，公路里程不断增加，道路安全设施装备及维护服务市场前景光明。2016年1—7月，东部地区公路建设固定资产投资为2015年同期的106.1%，中部地区为2015年同期的95.9%，西部地区增长速度最快，为2015年同期的113.2%，全国公路建设固定资产投资总计为2015年同期的107.0%，其中新疆、西藏固定资产投资同比突破 200% 。道路交通基础设施建设投资的上升带动了全国公路里程的持续发展，2015 年全国高速公路里程共计 12.35 万公里，比 2014 年末增加了 1.16 万公里；国家高速公路 7.96 万公里，较上年末增加 0.65 万公里；全国农村公路（含县道、乡道、村道）里程 398.06 万公里，较 2014 年末增加了 9.90 万公里，等级公路里程数、二级及以上公路占比和通硬化路面的乡（镇）及建制村占总比均有提升。随着国家对道路基础建设重视程度的提高，2014 年，国务院办公厅发布了《关于实施公路安全生命防护工程的意见》（国办发〔2014〕55 号），强调了对公路安全设施的建设及养护要求。公路建设的不断推进和公路安全生命防护工程的实施，保障了公路安全设施的添置需求及养护需求，为道路交通安全基础设施的产品、技术及服务市场带来了广阔的发展空间。

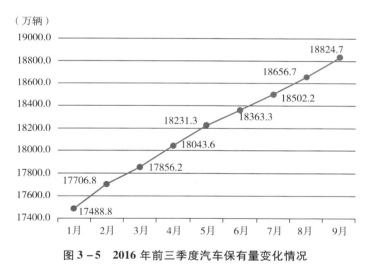

（万辆）

图 3-5　2016 年前三季度汽车保有量变化情况

资料来源：公安部交通管理局，2017 年 1 月。

汽车安全防护市场前景广阔。我国汽车产销量长期处于世界首位，拥有世界最大的汽车市场。2015 年我国汽车产量 2450.33 万辆，销量为 2459.76 万辆，同比增长 3.3% 和 4.7%；全年乘用车产销量分别为 2107.94 万辆和 2114.63 万辆，同比增长 5.8% 和 7.3%。其中，乘用车销量结构发生变化，车辆安全性能更强的 SUV 车型销量大幅增长，2015 年销量 622.03 万辆；轿车占比则有所下降，2015 年销量 1172.02 万辆，同比下降 5.3%。汽车产业的快速增长和我国对车辆安全重视程度的不断提高，作为我国汽车安全防护市场发展的基础和前进的动力，为汽车安全防护市场带来了广阔的发展空间。

二、车联网市场发展迅速

车联网市场百花齐放。车联网的安全保障作用主要有两方面，第一是为乘客提供紧急帮助服务，便于车内乘员及时应对突发事件；第二是凭借专业化的外部服务减少驾驶人对车辆工况的监控负担，通过对车辆的位置、速度、设备运行状况等要素进行实时或定期监督，对驾驶员或车辆设备、关键部件的非正常运作情况进行实时报警，通过提高车辆本质安全水平的方式，保障驾驶人的驾驶安全。国内前装车联网市场以车辆制造企业为主导，上汽集团的 inkaNet、宝马公司的 iDrive、福特汽车的 SYNC、丰田的 G – Book 以及通用汽车公司的 On Star 都是此类。后装车联网市场开放性更强，互联网公司、通信运营商及一些科技类公司均有加入，如百度推出的 Carlife、四维图新的"趣驾"、中国移动的"车联网 T 平台"及 4G 多功能车机等。当前车联网主要的安全保障功能包括碰撞自动求助、紧急救援系统、车辆防盗安全系统、车况监测系统及服务报警系统等。相比之下，前装车联网与车辆契合度更高，碰撞自动求助和针对车辆设备安全的专业性更强；后装车联网的优势则体现在互联网服务和大数据分析上，不同生产厂商、不同型号车辆间的车对车通信等功能具有优势。多样化的车联网产品有助于乘用车车联网市场持续、良性发展。

车联网市场受政策支持，近年来有两个重大发展机遇。第一，继 2010 年《国务院关于进一步加强企业安全生产工作的通知》（国发〔2010〕23 号）提出开展"两客一危"车辆安全监督车联网建设以来，2014 年，交通运输部、公安部及国家安全生产监管总局联合发布了《道路运输车辆动态监督管理办法》（交通运输部令 2014 年第 5 号，以下简称《管理办法》），对"两客一危"车辆出厂连入车联网进行了强制要求。第二，2016 年 11 月 15 日，工信部发布了《关于进一步做好新能源汽车推广应用安全监管工作的通知》（工信部装〔2016〕377 号，以下简称《通知》），要求"自 2017 年 1 月 1 日起对新生产的全部新能源汽车安装车载终端，通过企业监测平台对整车及动力电池等关键系统运行安全状态进行监测和管理"，并将信息上传至地方及国家监测平台。《管理办法》的提出是我国以政策支持车联网发展的重要实践，"两客一危"监控平台的成功运行不但提高了"两客一危"车辆的运行安全水平，同时也为我国商用车车联网车机研发和平台架设发展提供了机遇。《通知》的发布，则是借助新能源汽车安全机遇、发挥车联网安全属性加快车联网发展的新举措，是将车联网从"两客一危"车辆向乘用车和其他类型商用车普及的重大机遇。在乘用车使用者安全意识普遍提高、商用车队管理者安全管理需求不断增强的现状下，车联网产业将在政策支持下加速发展。

三、高级驾驶辅助系统市场成为新增长点

高级驾驶辅助系统（Advanced Driver Assistant System，ADAS），是近年来汽车主动安全技术的发展热点之一。ADAS 系统通过摄像头、雷达等车载传感器收集信息，采用辨识技术和处理算法提前预知危险，并通过被动报警或主动干预的方式延长驾驶人的应急时间窗口或缩短人—车系统对事故的反应时间，以达到防止事故发生或减轻事故后果的目的。目前，自动紧急刹车系统（AEB）、前撞预警（FCW）等 ADAS 系统应用较为普遍，美国、日本和欧洲均将 AEB 纳入了安全评分体系或大型商用车的强制性安装要求。2016 年，通用、福特、丰田、现代、宝马等占美国汽车市场份额 99% 以上的 20 家汽车制造商一致同意，分别在 2022 年和 2025 年将 AEB 纳入乘用车和部分卡车的标准配置中，ADAS 的强制性配备即将成为汽车安全的国际通识。

作为智能汽车发展初级阶段的主要产品，近年来 ADAS 商业化程度逐渐提高。我国在 AEB、车道自动保持、爆胎应对系统、汽车夜视及防疲劳系统等 ADAS 领域均有所进步。AEB 系统又称主动防撞系统，目前国内 AEB 厂家有北京泰远、河南护航、益驾科技等，其中部分厂商的主动防撞技术及车载激光雷达达到国际先进水平，囿于厂家推广有限，未能铺开。爆胎应对系统厂商则有桂林博达的阿波罗爆胎应对系统、吉利爆胎监测及控制系统等，能够采用及时发现、提前自刹、锁定方向的方式，对大型车辆高速爆胎进行及时应对，避免车辆急转侧翻。汽车夜视及防疲劳系统厂商则有上海眼控科技、深圳保千里视像等，其中防疲劳系统可通过对驾驶员面部进行监测，及时发

现驾驶疲劳现象，通过声音报警方式对驾驶员进行警告。随着国内外厂商自主研发进程的加快，我国 ADAS 市场即将进入以外资车辆制造商主导的 ADAS 前装市场和以自主研发为主的后装市场竞争期，ADAS 市场将成为我国道路交通安全产业的重要增长点。

四、无人驾驶技术稳步发展

依据美国国家公路交通安全管理局（NHTSA）的分类，无人驾驶技术属于智能驾驶汽车的顶级技术，是使汽车由人工控制彻底转变为自动控制，从根本上杜绝驾驶人违规违章、疲劳驾驶及危险驾驶的关键技术。无人驾驶技术在世界上的受重视程度日益提高，2016 年世界在无人驾驶技术的推广和评价上取得了一定的成绩。美国联邦政府于 2016 年 9 月发布了《美国自动驾驶汽车政策指南》，从智能驾驶汽车的制造、监督、管理的角度为联邦各州制度的制定提供指导意见，以维护联邦各州智能驾驶汽车法案的连贯性，保障智能汽车技术在全国范围内的顺利推广。作为世界首部国家级自动驾驶汽车政策，其不但为美国联邦各州政策提供了制定标准，也为世界各国发展自动驾驶汽车、保障自动驾驶汽车安全提供了参考。

我国无人驾驶汽车领域在 2016 年取得了一些成绩。继 2015 年 12 月百度无人驾驶汽车于北京完成了城市、环路及高速道路混合路况下，最高时速达 100 公里/小时的全自动驾驶测试后，2016 年 4 月，由清华大学与华为合作研发的长安无人驾驶汽车，成功完成了路程 2000 公里的长途无人驾驶测试。在此基础上，长安汽车计划于 2018 年实现长途自动驾驶汽车的量产，于 2025 年实现复杂城市路况的全自动驾驶汽车量产化。2016 年 6 月 7 日，国家智能网联汽车（上海）试点示范区正式开园运营，作为由工信部批准的国内首个智能驾驶封闭测试区，园区凭借完备的定位系统、监控设施和路况模拟设施，为智能汽车的运行和测试提供了有力保障。2016 年 11 月，杭州好好开车公司宣布推出了世界首个智能驾驶车险指数模型及相应的无人驾驶方案，为无人驾驶车辆的事故预防与保险提供了保障。

第四章 建筑安全产业

建筑安全产业是为建筑施工安全提供产品、技术与服务保障的产业，在建筑施工过程中运用先进安全技术装备以及相关服务，在保障施工效率的同时有效减少安全事故。其中，装配式建筑在国家政策的支持下正在全国范围内迅速推广，附着式升降脚手架也在逐渐淘汰传统的落后脚手架。同时，我国建筑行业也存在施工企业及操作人员对安全装备重视不足，先进装备缺少有效的推广手段等问题，为了进一步保障建筑安全，应抬高安全产业行业准入门槛，加速推动先进安全装备的应用，从法律法规层面进行相关强制要求。

第一节 发展情况

一、建筑市场发展迅猛

2016 年，我国建筑业总产值增速稳中趋缓，建筑行业新签合同额较 2015 年有明显改善。国家统计局公布的数据显示：全国建筑业 2016 年前三季度总产值 125792 亿元，同比增长 6.65%，建筑行业增加值 33193 亿元，同比增长 6.9%。

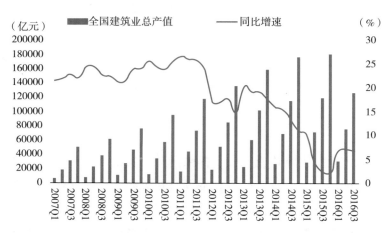

图 4 – 1   2007 年至 2016 年第三季度全国建筑业总产值及增速

资料来源：中华建设，2017 年 2 月。

2016 年前三个季度，全国建筑行业企业新签合同额 136756. 75 亿元，同比增长 16. 71% ，与 2015 年同期相比下降 6. 78 个百分点。全国建筑施工企业累计合同额达到 295176. 08 亿元，同比增长 10. 42% ，与 2015 年同期相比扩大 8 个百分点。

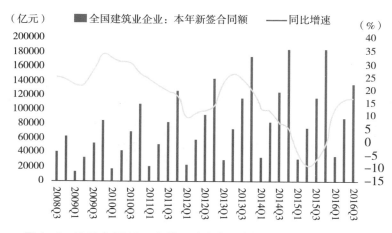

图 4 – 2   2007 年至 2016 年第三季度全国建筑业新签合同额及增速

资料来源：中华建设，2017 年 2 月。

我国建筑业前三季度得益于政府一系列"稳增长"政策，基础建设投资加码、PPP 加速落地实施，建筑业新签合同额与 2015 年相比有明显的改善。

新签合同额回暖加快，有望在未来半年到一年实现建筑业产值规模增长。

二、建筑安全形势严峻

据不完全统计，2016 年上半年，全国发生房屋市政工程生产安全事故共 263 起，死亡 296 人，比 2015 年同期事故增加 57 起，死亡人数增加 38 人，同比分别上升 27.67% 和 14.73%；2016 年 9 月，全国共发生房屋市政工程生产安全事故 70 起，死亡 77 人，比 2015 年同期事故增加 18 起，死亡人数增加了 17 人，同比分别上升 34.62% 和 28.33%。安全事故的类型主要为：高处坠落、触电、坍塌、物体打击、机械伤害、起重伤害。

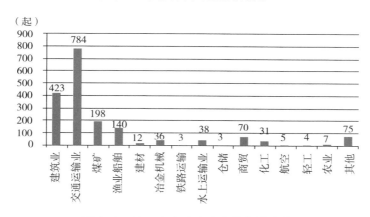

图 4-3　2016 年安全产业事故数量统计

资料来源：中国建筑业协会，2017 年 2 月。

表 4-1　2016 年全国建筑产业主要事故统计

日 期	事故简况
2 月 26 日	江西萍乡市安源区 6 死 1 伤，发生局部坍塌事故。
2 月 26 日	河北承德市 4 人死亡，厂房施工现场发生塌方事故。
3 月 2 日	贵州黔南 3 死 7 伤，发生工地围墙垮塌事故。
3 月 18 日	云南西双版纳 6 死 1 伤，施工过程中发生山体滑坡事故。
3 月 25 日	上海虹口区 4 人死亡，施工工地发生筒架爬模坠落事故。
4 月 13 日	广东东莞市 18 死 19 伤，发生龙门吊倾覆事故。
4 月 15 日	青海西宁市 3 人死亡，发生墙坍塌事故。
4 月 15 日	云南文山州 3 人死亡，发生坍塌事故。

续表

日期	事故简况
4月16日	广东惠州市3死1伤，污水池清理作业过程中发生事故。
4月19日	吉林通化市4人死亡，吉粮资产经营公司在施工现场发生触电事故。
5月17日	山西太原市3死6伤，北方机械制造有限公司拆除厂房时发生坍塌事故。
5月21日	山东威海市3死2重伤，金开利五金城由蓉城建设集团施工，在安装塔吊过程中发生坍塌事故。
6月4日	河北沧州市3人死亡，在路肩加固过程中发生触电事故。
6月5日	山东淄博市3人死亡，山东天源热电有限公司电厂在拆除关停烟囱时发生坍塌事故。
6月17日	安徽六安市霍邱县，中国能建安徽电建二公司在国网霍邱供电农网升级改造过程中发生输电铁塔倒塌事故，造成3人死亡。
6月20日	安徽宣城市绩溪县，安徽绩溪抽水蓄能有限公司下水库土建及金属机构安装工程施工工地，在进行边坡施工时发生塌方，造成3人死亡。
6月22日	河南郑州市上街区，中国铝业有限公司河南分公司氧化铝厂氧化铝节能减排升级改造建设项目四沉降系统搬迁工程拆除作业过程中，4号槽体顶盖发生坍塌，施工人员随顶盖坠落，造成11人死亡。
7月8日	浙江杭州市滨江区，地铁四号线中医学院腾达建设工地内发生湿土渗漏事故，造成4人死亡。
7月9日	黑龙江大庆市肇源县，大广工业园企业孵化园消防泵房浇筑混凝土作业时发生坍塌事故，造成3人死亡。
7月15日	山东烟台市龙口市，东海金玉蓝湾小区施工工地建筑电梯发生坠落事故，造成8人死亡。
7月16日	内蒙古乌兰察布集宁区，白金汗府施工工地升降梯发生坠落事故，造成3人死亡。
7月19日	上海杨浦区，18街坊配套项目工地在进行围墙拆除作业时发生围墙倒塌事故，造成3人死亡。
7月19日	黑龙江哈尔滨市香坊区，3名工人进入信义沟治理工程污水管道检查井时中毒晕倒，另4名工人在下井施救过程中也相继中毒晕倒，事故共造成5人死亡。
7月23日	河北衡水市故城县，衡水市中央储备粮故城直属库兴粮分库在北门外进行施工作业时发生触电事故，造成3人死亡。
8月1日	贵州遵义市新蒲新区，一在建饮水工程水池盖板发生坍塌事故，造成8人死亡。
8月2日	山西太原市万柏林区，山西聚宝集鼎有限公司在施工时发生触电事故，造成3人死亡。

续表

日期	事故简况
8 月 5 日	广西来宾市兴宾区，桂中治旱工程隧道发生坍塌事故，造成 5 人死亡。
8 月 7 日	河北石家庄市新华区，西岭供热有限公司在进行热力管道施工时发生坍塌事故，造成 3 人死亡。
8 月 15 日	贵州毕节市赫章县，石头寨寨门施工过程中发生垮塌，造成 3 人死亡。
8 月 19 日	山西朔州市怀仁县，翰林庄洗煤园区门楼安装工程在施工过程中发生触电事故，造成 3 人死亡。
8 月 22 日	四川南充市阆中市，宏云江山国际商住楼施工工地发生支模架坍塌事故，造成 6 人死亡。
8 月 25 日	贵州黔西南州兴仁县，博融天街施工工地发生脚手架坍塌事故，造成 3 人死亡。
8 月 30 日	山东临沂市沂水县，金苑新都 3 号楼施工现场发生塔机坍塌事故，造成 3 人死亡。
8 月 31 日	甘肃甘南州临潭县，堡子村生态文明小康村项目施工现场发生城墙坍塌事故，造成 3 人死亡。
9 月 11 日	江西吉安市泰和县，江西荣达爆破新技术开发有限公司在对废弃泰和大桥进行拆除作业过程中发生坍塌，造成 3 人下落不明、5 人受伤。
9 月 13 日	吉林长春市农安县，北环城路施工工地发生塔吊坍塌事故，造成 3 人死亡。
9 月 13 日	贵州毕节市织金县，织普高速打刮隧道施工工地发生涌泥事故，造成 7 人死亡和下落不明。
9 月 15 日	西藏林芝地区米林县，拉林铁路供电工程施工工地发生坍塌事故，造成 4 人死亡。
9 月 15 日	辽宁沈阳市，河畔新城施工工地发生塔吊坍塌事故，造成 3 人死亡。
9 月 18 日	湖北黄冈市浠水县，散花示范区工业园自来水厂施工工地发生坍塌事故，造成 3 人死亡。
10 月 12 日	山东潍坊寿光市学院东路书香苑供热顶管工程施工过程中突发透水事故，造成 3 名施工人员死亡。
10 月 19 日	沈阳市地铁 9 号线第 22 标段发生隧道坍塌事故，造成 3 人死亡。
10 月 24 日	黑龙江省绥化市明水县仕林苑棚改区一期工程在拆除模板过程中发生模板坍塌事故，造成 3 名施工人员死亡。
11 月 24 日	江西丰城发电厂三期在建项目工地冷却塔施工平台坍塌，造成 74 死，2 伤。
12 月 10 日	河南省驻马店市平舆县，金茂森林湾 6 号楼项目发生高处坠落事故，死亡 3 人。

资料来源：赛迪智库整理，2017 年 2 月。

第二节 发展特点

一、建筑安全产业蓄势待发

由于建筑行业安全薄弱环节较多，企业较分散，新型技术产品无法在短时间内投入市场应用。2016年1月15日，中国安全产业协会建筑行业分会成立，标志着建筑安全产业迎来快速发展的利好环境。分会立志以现代科技为支撑，以"互联网＋创新"为路径，致力于安全意识的宣传和引导，安全技能的训练和提高，安全技术、创新产品的推广和应用，安全产业融资渠道的疏通与延伸，着力打造"政产学研用金"一体化发展的新理念、新模式，尽力为建筑企业安全生产构筑交流平台。分会将以"政产学研用金"紧密结合的方式，来达到促进建筑安全产业理念升级、管理升级、资本升级、装备升级，营造出良好的产业环境，探索先进的发展模式的目的，着力帮助会员企业在新常态中精准定位、创新发展，最终推动建筑安全产业转型升级。

建筑领域内出现行业领军企业，改变传统建筑产业产品质廉价低的状况，争取通过高新技术实现转型升级。北京韬盛科技发展有限公司是一家专注于研究应用于建筑工程的安全防护标准化成套技术并提供解决方案的企业，主营业务有附着式升降脚手架、集成式电动爬升模板以及铝合金模板等设备的生产加工，建筑工程设备的销售租赁以及相关的配套服务，是我国最具技术服务实力、最具业务规模的行业领军企业。公司经过不懈努力，研发生产并投入使用的集成式电动爬升模板系统、顶模系统、集成式升降操作平台、附着式升降脚手架、铝合金模板系统、带荷载报警爬升料台、施工电梯监控系统、工具式盘梯等为主导的系列产品，填补了建筑行业设备安全的空白，解决了行业难题。其中集成式升降操作平台、附着式升降脚手架达到国际领先水平。

二、建筑安全投入不足

在我国，建筑业是仅次于矿山采掘业的风险事故高发产业，建筑施工生产除了具有"产品固定、人员流动，露天、高处作业，手工操作、繁重体力劳动"这些共性之外，随着城市建设步伐加快，其工艺变化大、规则性差，不安全因素随施工进度的变化而改变等特点愈加凸显，而相应的技术装备又没能配套，安全防护的投入严重不足，人们对建筑安全的认识还停留在原始阶段，使得这个事故多发的行业雪上加霜，成为仅次于交通安全的第二杀手，安全事故造成的死亡数量一直占据死亡总数的 70%—80%。在建筑安全事故中，高处坠落、坍塌、物体打击、机械伤害、触电五大伤害是事故频发的诱因。

长期以来，相当一部分建筑施工企业对安全生产重视不足，在成本支出中压缩安全投入的现象较为普遍，致使安全生产基础薄弱。据统计，建筑业的投入仅占 GDP 的 7.73‰，低于各行业平均水平，远落后于采掘业（20.15‰）及交通运输业（16.13‰），这也是造成安全事故的重要因素。要想根除建筑安全隐患，必须加强安全生产资金的投入，适时更新安全设备、设施，为建筑施工安全顺利进行提供有力保障，彻底改变建筑安全的被动局面。

三、建筑安全意识淡薄

建筑施工主体安全意识淡薄现象普遍。个人安全防护装备落后或配备严重不足，甚至缺少强制性的安全鞋、安全眼镜和耳塞等安全防护用品配备的现象在建筑业普遍存在。要想杜绝以次充好、以假乱真的现象，就必须规范建筑安全产业市场。

农民工已成为建筑业劳动力的主体，他们普遍没有经过必要的安全教育及岗前培训，自我保护意识淡漠，缺乏自救能力。要想提高建筑施工人员的安全意识及最基本的与之相关的知识，就要加强施工安全培训教育、上岗前的必要技术培训，只有这样才能真正提高全体施工人员对安全生产的重视，从而提高从业者的自我保护能力、应急处置和团队协作能力。

第五章　消防安全行业

消防安全产业是为消防安全提供产品、技术与服务保障的产业，消防安全装备主要包括消防装备产品、防火系列产品、火灾探测报警产品、灭火系列产品、阻燃系列产品和消防供水器材等。我国大部分产品较为单一，缺乏品牌与技术，规模小，难以形成企业集团化、产品多元化的局面，即使是国内前 30 强企业，所占市场份额也不到 10%，企业分散造成行业内竞争激烈。为改善消防安全产业现状，我国应加强行业管理，鼓励行业内有潜力的企业成长为龙头，对技术研发投入资金支持，充分利用"一带一路"政策将我国先进消防智能装备推向国外市场。

第一节　发展情况

一、行业发展历程

我国消防装备行业在改革开放前发展缓慢，消防安全产品生产企业数量全国不足 100 家，其中大部分是国家出资建设的国营企业。国家在 2001—2003 年间，逐步取消了消防产品生产销售备案登记制度，建立了消防产品市场准入制度，消防市场环境自此发生了根本性变革，民营企业的加入，促进了消防装备行业的发展。随着我国经济快递增长，消防安全装备产业也逐渐发展成型。经过十多年的发展壮大，目前我国的消防装备生产企业已超过5000 家，消防装备行业的规模逐步扩大。

随着城市化进程的稳步推进，经济快速增长，国家对消防体系建设的持续投入，市场对消防装备产品的需求也在不断扩大。各级政府对消防安全越来重视，消防安全监管体系也日趋完善，社会的消防安全意识越来越强，这些都为消防安全装备的发展创造了有利条件，消防安全装备产业迎来了发展机遇。

二、消防安全现状

随着我国经济迅猛发展，城镇建设规模不断加大，社会情况和城市产业结构也随之发生变化。城市人流和物流量急剧增加，新材料和新设备广泛进入应用，同时生产、生活所用的火、电、气、油用量也大量增加。由于我国消防产品、人们的消防意识相对滞后，致使城市发生火灾的概率、财产损失及人员伤亡实际情况均呈大幅上升趋势。相关资料显示，我国城市火灾已经呈现由一般火灾向重特大火灾扩展的明显态势。

2016 年 1—10 月，全国共接报火灾案 25 万起，共死亡 1261 人，895 人受伤，直接财产损失 30.1 亿元，较 2015 年同期，案件数、死亡人数、受伤人数、财产损失分别下降 17.1%、17.7%、12.1% 和 18.7%。其中发生较大火灾 54 起，较 2015 年同期减少 4 起，下降 6.9%，虽有所下降，但火灾模式更加复杂。

表 5 - 1　2016 年全国主要火灾统计

日期	事故概况
1 月 13 日	上海宝山一机械厂内发生爆炸，造成 4 死 2 伤。
1 月 14 日	河南通许县一烟花厂爆炸，造成 5 死 7 伤。
1 月 19 日	广东海丰一服装店起火，造成 2 人死亡。
1 月 20 日	安徽广德县开发区一工厂发生爆炸，造成 4 人受伤 1 人失踪。
1 月 20 日	江西上饶花炮厂爆燃，致 4 人受伤 4 人失联。
1 月 21 日	沿德高速大巴侧翻起火，致 5 人受伤。
1 月 23 日	成都武侯区一小区住宅火灾，致 3 死。
1 月 23 日	北京朝阳一平房起火，致 8 死 5 伤。
1 月 25 日	深圳宝安区救助站火灾，致 3 死 1 伤。
2 月 18 日	宝鸡一化工厂油罐车爆炸，致 1 死 2 伤。
3 月 9 日	滨州电焊工焊接油罐车引发火灾爆炸，1 人死亡。
3 月 9 日	杭州临江工业园发生爆炸，造成 1 死 7 伤。
3 月 11 日	江苏扬州一小区发生火灾爆炸，致 3 人失联。
3 月 19 日	京港澳高速货车爆炸，导致 5 死 20 伤。

续表

日期	事故概况
3月20日	南京南钢新焦化厂发生火灾，致1死1伤。
3月20日	兰州兰石集团发生炉口喷爆，致7人受伤。
4月2日	广西南宁出租房火灾，致3死20余人受伤。
4月3日	山东德州一化工厂爆炸，致2死5伤。
4月16日	浙江省杭州市萧山一民房发生火灾，造成1人死亡。
4月22日	重庆某小区燃气爆燃，致1人受伤。
4月22日	江苏省靖江市丹华村德桥化工物流仓储爆炸，仓储里都是化学原料。
4月22日	泰州危化品仓储公司起火。燃品是甲醇、混合芳烃等化工品。
4月29日	上海虹桥机场一号航站楼地下起火，致2死4伤。
5月16日	山东一中学教室突发火灾，致1死3伤。
5月31日	湖北宜昌化工厂发生火灾，致4人受伤。
6月18日	上海真新粮食交易市场起火，致4人死亡。
6月25日	镇江一面馆突发爆炸，致2人受伤。
6月25日	北京大兴一仓库起火，致3人受伤。
6月25日	苏州一店面发生火灾，致5人死亡。
6月26日	湖南大巴起火，致35人遇难。
6月29日	云南孟连县发生火灾，致3死4伤。
6月30日	北京东城一居民家中起火，造成2人死亡。
7月3日	钦州高速路沥青罐车追尾起火，致1死1伤。
7月4日	辽宁本溪煤矿因非法盗采发生火灾，造成9死1伤。
7月10日	深圳龙华一电池厂起火爆炸，致5人受伤。
7月15日	湖北孝感甲醇槽罐车侧翻起火，致1人死亡。
7月26日	胶水加工厂发生爆炸起火，致1死1伤。
7月28日	厦门一民宅发生燃爆，致1人死亡。
8月12日	四川一检验站锅炉两次连续爆炸，致8人受伤。
8月13日	四川巴中油罐车追尾撞上货车，造成1死1伤。
8月29日	深圳一出租屋发生火灾，造成7人死亡。
10月4日	成绵广高速5车相撞起火燃烧，致4死3伤。
11月21日	黔西南州贞丰县一居民家起火，致1人死亡。
11月29日	黑龙江七台河一煤矿发生火灾，21死1人下落不明。
12月18日	郑州新世界百货发生火灾，过火面积约1500平方米。

资料来源：赛迪智库整理，2017年2月。

第二节 发展特点

一、发展方向

城镇化建设步伐加快以及交通运输、电力电网等配套投资不断加大，带动消防需求持续增长。据统计，我国城镇人口在 2000 年仅有 45906 万人，城镇化率 36.22%；2015 年，城镇人口猛增至 77116 万人，城镇化率 56.10%；预计到 2025 年我国城镇化率将超过 60%。城镇建设的加快有力地带动了城市交通运输、电力电网、城市建筑、城市地下综合管廊的投资，拉动消防装备产品和消防工程投入的急速增长。

消防安全意识普遍得到提高，消防安全已成主动需求。近年来，随着经济社会的发展和电器市场的繁荣，火灾模式愈加复杂，不仅造成生命和财产的巨大损失，灾情的不可预知性也为施救增加了难度。随着消防安全责任制度加速推进，以及消防安全的管理和宣传力度不断加大，社会的消防安全意识整体提高，市场对消防装备产品的需求随之转变，从以往的被动应急转为如今的提前预防，对消防安全装备产品的技术含量、可靠性有了更高的要求。终端用户愈发关注消防安全装备产品的质量和产品的性能，具有品牌优势和市场口碑的消防安全装备产品竞争优势日渐凸显。

消防安全装备产品市场秩序日渐规范，企业经营环境得到改善。2005 年，在全国范围内集中开展了消防安全装备产品专项整治行动，消防安全装备行业监管部门不断加大打击假冒伪劣产品治理活动的力度，2008 年又对灭火器等消防产品实行身份证管理，一系列措施的推出使消防安全装备产品的监督管理得到加强，为消防安全装备企业的发展提供了健康的经营环境，有力地促进了消防安全装备产业的良性持续发展。

预期新能源汽车数量快速增长，拉动配套消防安全装备需求。政府持续推出对新能源汽车的引导鼓励政策：在国务院发布的《节能与新能源汽车产业发展规划（2012—2020 年）》中提到，到 2020 年纯电动汽车和插电式混合动力汽车生产将达到 200 万辆、累计产销将超过 500 万辆。2015 年 3 月，交通运输部《关于加快推进新能源汽车在交通运输行业推广应用的实施意见》明确提出了到 2020 年新能源汽车在城市公共服务用车中的比例不低于 30%，京津冀地区不低于 35% 的总体目标。2016 年 2 月，国务院下达中央国家机关、新能源汽车推广应用城市的政府部门及公共机构购买新能源汽车占当年配备更新车辆总量的比例由 30% 提升到了 50% 的指示。政策引导及环保需要将有望推动新能源汽车市场高速发展，在城市公共交通、城际客运、物流配送、企业与私人出行等方面将逐步由新能源汽车替代，对应交通运输安全的需求，尤其是大容量锂电池作为动力系统的安全应急需求，将会拉动电池箱专用自动灭火装置的市场需求。

二、消防行业发展需要突破困境

目前，我国从事消防安全装备的企业多、散、乱、差的局面长时间没有从根本上得到扭转。消防安全装备企业整体上在人力资源、研发投入、管理水平、营销模式等方面和国外的企业相比，都存在较大差距。从事消防安全装备的企业数量多但规模小，产业结构不合理，跟风生产现象严重，不少企业缺乏有效管理，产品质量参差不齐。

不少消防安全装备产品制造技术工艺落后，缺少竞争力。也有一些产品的设计科技含量不比国外差，但是由于落后的制造技术，所以和国外同类产品无法相比，高精尖产品只能依赖进口。

现代化企业管理运作模式还不够健全。从事消防安全装备生产的企业全面创新能力比较低，自主创新和引进国外先进的消防安全装备创新产品较少，理念创新、体制创新、科技创新等严重缺失。导致我国相关产品在国际市场上竞争乏力。

市场无序竞争的现象仍然严重。对消防安全装备市场假冒伪劣、低价倾销等违法行为监管打击力度不足，严重损害了守法企业的利益，打击了企业创新的积极性，扰乱了市场的正常秩序，尚未形成健康有序的竞争环境。没有形成行业自律机制，政企不分，无法从根本上扭转和改变企业单打独拼的局面。

第六章　矿山安全产业

矿山安全产业是为矿山安全提供产品、技术与服务保障的产业，我国目前已经推广矿山安全产品 1000 余个，以矿山物联网为依托的先进安全技术在矿山领域大范围应用，矿山安全服务体系已经初步形成。在矿山开发和生产的整个过程中，由于客观存在的自然条件复杂、作业环境较差等原因，以及主观上人们对矿山自然灾害存在的规律认识还不够全面和深入，有时工人的麻痹大意和违章作业、违章指挥，都会导致某些严重事故的发生。我国矿山安全生产基础依然较为薄弱，亟待矿山安全产业的快速发展，为矿山安全生产活动提供有力的支撑保障。

第一节　发展情况

矿山领域是安全产业重点涉及和发展的领域，据了解，目前全国有近 2 万家煤矿和近 3 万家非煤矿山。推进矿山安全产业的发展，对提高矿山安全生产水平、降低事故发生概率、保障作业人员生命安全至关重要。随着产业化进程的加快，大力发展矿山安全产业对于国家的长治久安和促进社会进步具有重要意义。

一、矿山安全产品

随着矿山领域安全生产需求的不断加大，矿山安全产品的需求量和市场规模逐渐扩大。目前综合分析来看，煤矿大型综采成套设备的设计生产、煤矿和非煤矿山安全避险系统已初步具备产业化基础，未来有望成为矿山安全产品领域的支柱产业。初步统计表明，当前参与矿山安全产品研发的企业超过 2000 家，已推广实用产品超过 1000 个，产品市场规模已达万亿以上。

从近几年矿山安全产品需求种类来讲，随着企业机械化、自动化、信息化水平不断提高，产品的科技含量也越来越高，带动了先进安全产品市场的不断扩大。例如，井下"六大"避险系统在煤矿领域的市场需求量达 20 万台，按平均每台 200 万元计算，仅此一项设备在煤矿市场规模就高达 4000 亿元；而在非煤矿山领域，安全避险系统的市场空间也可达 5000 亿元。在矿山灾害预防和救援方面，全国按要求配备自救器的地下矿山 6207 座，已配备 5709 座，配备率 92.0%；按要求配备便携式气体检测报警仪的地下矿山 6199 座，已配备 5655 座，配备率 91.2%。全国累计淘汰非阻燃电缆（含强、弱电）1615091 米，仍在使用 375807 米，淘汰率 81.1%；淘汰非阻燃风筒 715178 米，仍在使用 33300 米，淘汰率 95.6%；淘汰主要井巷木支护 215571 米，仍在使用 31771 米，淘汰率 87.2%。

二、矿山安全科技

自《安全生产科技"十二五"规划》发布以来，在国家的大力支持下，我国的矿山安全科技水平显著提升，各类安全技术研发中心、安全科技支撑平台和安全科技示范工程在各地开始筹建，百余项重点研究项目得以实施，并孵化出 100 多家安全生产科技创新型中小示范企业。矿山安全技术创新水平显著提升，特别是数字技术、信息技术、自动化、智慧化技术的研发，呈现出多个行业、多种经济形式的企业共同参与的良好局面，特别是大量新兴矿山企业和研究单位的参与，给我国矿山安全科技研发领域注入了新活力。

安全科技在矿山安全生产中的成功应用，产生了明显的经济效益和社会效益。在灾害防治领域，我国成功研发并构建了矿井灾害监控和灾害事故预警处理一体化的物联网平台，实现了矿山灾害监测、综合防治和智能预警的有效联动，达到了减少人员伤亡和灾害损失的目的；在矿山开采领域，成功研发了智能化综采设备，实现了少人值守、综采工作面成套装备运行状态的远程动态监测和故障预警的目的，更是实现了破碎、开采、运输自动化，不但提高了工作效率、减少了现场工作人员数量，同时也节约了成本；在矿山应急救援领域，成功开发了先进的无线多媒体通信技术、人员定位技术、监测监控技术，提高了应急救援的效率，也满足了矿山井下救灾过程指挥和分析的双重需要。

2016 年，各地区矿山以安全高技术产业化为重点，着力推动：重大灾害的实时监测、预报技术；故障快速诊断、无损探伤技术；安全生产领域的功能性新材料；矿山动力灾害危险性综合集成非接触式连续监测技术；事故仿真、模拟技术；安全生产和微机管理的决策支持技术；矿山安全保障技术等领域的建设工作。

三、矿山安全服务

矿山安全服务起步于 20 世纪 90 年代，是伴随着矿山安全法律法规的出台、完善而发展起来的。目前，我国已经初步形成了矿山安全咨询检测服务、矿山安全评估评价类服务、矿山技术创新服务、投融资支撑服务、教育培训服务的矿山安全服务体系，该服务体系已经初具规模并健康发展，为矿山领域的安全生产、防灾减灾和应急救援提供了有力的支撑。

矿山安全服务体系的建立，离不开政府、企业和服务机构的协同努力。政府为保障矿山的安全运营，作出了顶层设计、政策引导和有效规划，制定了《煤矿安全生产先进适用技术推广目录》、实施了《煤矿安全规程》等十余项公告公文，强化了红线意识、体现安全发展理念，做好了与专业规章、标准的衔接，推进了先进安全装备、先进安全工艺的推广应用。矿山企业不断提高自身的安全服务能力，积极寻求与高等院校、科研机构、中介服务公司合作，推动科技创新水平和自身安全保障水平的提高，加大了从业人员安全培训力度，改革了企业管理模式，以专业化的安全服务为企业带来了新的经济增长点。在国家集中整治和加大监督管理力度的基础上，矿山安全服务机构的发展更加规范化、职业化，中介机构技术水平和服务质量显著提升，人员职业素养和专业水平也在不断提高，目前已在矿山安全质检、开采和监控等技术升级、从业人员技能培训、救护救援等方面发展得较为完善，为企业提供了可靠保障。

第二节　发展特点

一、矿山安全产业发展机遇不断扩大

我国经济发展进入新常态，矿山领域进入化解落后产能、发展先进产能时期，契合了产业转型升级，推进供给侧结构性改革的方针战略。在政策方面，国家将安全生产纳入到政府考核体系，出台了安全现状评价细则、安全生产标准化考核办法、先进安全技术推广目录等一系列加强矿山安全生产的政策，加快了安全产业与矿山安全生产的深度融合。此外，50亿元的安全产业发展投资基金徐州子基金的建立，将通过债券投资、股权投资、股债混合投资、低息贷款等多种方式为矿山安全产业，尤其是矿山安全科技的发展提供支持。在上游行业变化和国家产业政策的推动下，为矿山安全产业的发展提供了良好的外部环境。

我国矿山领域重特大事故时有发生，2016年矿山领域发生10起重特大事故，造成191人死亡或失踪，给企业和社会造成了巨大的损失。矿山安全产业正是减少人员伤亡、挽回经济损失的重要手段，矿山安全产品、技术和服务在事故救援中的作用也越来越明显。许多矿山领域企业实施驱动创新战略布局，将矿山安全产业定位为发展内容，给企业带来的不仅仅是生产模式的改变，还有全新的工艺流程、设备部件、技术路线和安全保障手段，是企业生产效率提高、产品更新换代和安全发展的有力保证，成为企业利润的增长点。在这种形势下，矿山安全产业的发展有了良好的企业内部环境，发展机遇不断扩大。

二、矿山物联网产业发展初具规模

目前，随着我国政策支持力度的不断加大和在技术创新深入发展的驱动下，我国矿山物联网已经形成了从研发、设计、生产到工程应用的完整产业链，产业发展初具规模，应用推广初见成效。从整体上看，我国仍处于矿山物联网 1.0 的发展阶段，该阶段的特征是矿山信息化与开采自动化，煤炭行业全面建设了安全监测监控系统、井下人员定位系统、通信联络系统等多种系统，建设了覆盖矿山主要生产环节的通信与传输网络。现代化矿井中，井下 4G 通信网络系统成功示范，自动化综采工作面开始应用，主运系统和辅助运输装备实现智能监测监控，中央变电所、水泵房、风机房等场所实现无人值守，采煤、掘进、运输、通风、排水、供电、安全、洗选等生产环节实现了集中控制。

但面对行业经济低位运行的态势，企业短期内难以投入大量的资金开展矿山物联网建设。行业尚没有建立矿山物联网技术标准体系，已有的相关标准需要修订以适应矿山物联网的推广应用，标准的缺失严重制约着矿山物联网的发展。从产品结构看，老产品的市场占有率接近 85%，新产品明显不足，尤其是数字化、智能化、微型化产品严重欠缺。

三、产业集聚发展态势明显

综合分析全国矿山安全产业区域分布情况可以发现，矿山领域相关产品、技术生产企业主要集中在长三角地区，并逐渐形成以北京、上海、南京、沈阳和西安等中心城市为主的区域空间布局。徐州高新技术产业开发区在工信部和国家安监总局的支持下，着力打造以矿山安全为主体的安全科技特色战略产业，并为一批从事矿山教学研究、矿井设计、开采领域的高等院校、大型企业集团，在矿山运输、生产机械、矿山安全等方面提供合作平台，培育出具有自主知识产权的系列产品，形成了集研发、孵化、制造、服务和交易于一体的发展体系。园区亦积极推动矿山安全产业顶层设计，牵头组建的中国矿山物联网协同创新联盟，吸引了徐工集团等一批大型企业进军矿山安全产业，开展顶层设计研究和关键技术攻关，取得了一系列突破性成果，得到了国家部委的关注和支持。在中国安全产业协会的领导下，包括中国矿业大学、徐工集团、山东蓝光软件等 60 多家会员在内，于 2016 年 6 月 7 日成立中国安全产业协会矿山分会，进一步促进了矿山领域企业的集聚发展，对矿山安全和产品推广起到了推动作用。

四、企业研发能力进一步提升

我国矿山企业依托相关研发机构,实施产、学、研相结合的模式,解决企业生产经营中的技术瓶颈,加强了矿山安全产品和技术的研发。部分大型企业建立了自己的研究机构,立足产业发展需求,采取联合技术攻关,解决企业生产经营中的技术瓶颈;选取、引进创新课题进行研究开发,优化和确定储备项目并推进项目实施。此外,在相关国家政策的支持下,企业对于人才的培养格外重视,高薪引进"高、精、尖"人才,培育内部科技人才,建立科技人才库,做好人才储备管理工作,有能力的企业尝试设立"创新工作室",组建"技术攻关小组",建设集团技术研发团队的培育基地,有力提升了自主研发能力。

第七章 城市公共安全产业

随着我国城镇化建设进程的加速，我国城市安全工作面临许多新情况、新问题。我国城市公共安全保障基础相对薄弱，提升城市公共安全水平，重视和发展城市公共安全产业，成为城市管理者提升城市发展水平、保卫经济发展成果的重要手段。总体上，城市公共安全产业得到了高度关注，然而，核心技术和知识产权的缺失、创新与研究匮乏，依然制约着我国城市公共安全产业化水平的提升，成为产业发展的主要短板。然而也应该看到，信息化应用水平不断提升，为城市安全管理水平的提升提供了有效手段，另外，行政管理制度的完善，为产业发展层次的提升提供了有效保障。

第一节 发展情况

一、城市公共安全得到高度关注

目前我国正面临经济和社会发展的重要机遇，同时也进入了公共安全事故的多发期。随着我国城镇化建设进程的加速，城市各种安全隐患成为社会不安定因素，我国城市安全工作面临许多新情况、新问题。2016 年发生的大同煤矿集团同生安平煤业有限公司 "3·23" 顶板大面积垮落导致瓦斯爆炸重大事故致 20 人死亡、河南省郑州市中铝股份河南分公司 "6·22" 重大坍塌事故致 13 人死亡、江西丰城发电厂 "11·24" 冷却塔施工平台坍塌特别重大事故致 74 人死亡等等，这些事故和灾难，都清楚地表明中国的城市安全形势依然十分严峻。

2015 年 12 月 20 日至 21 日，中央城市工作会议在北京举行。会议对城市安全问题高度重视，提出要把安全放在城市发展的第一位，把住安全关、质量关，并把安全工作落实到城市工作和城市发展各个环节各个领域。我国城市公共安全保障基础相对薄弱，提升城市公共安全水平，要重视和发展城市公共安全产业，利用产业带动城市安全保障水平的提升，成为城市管理者亟须面对的新课题。

中央城市工作会议提出，要尊重城市发展的规律。抓城市工作，一定要抓住城市管理和服务这个重点。当前世界范围内，传感技术、云计算、大数据、移动互联网融合发展，全球物联网应用已进入实质推进阶段，我国也初步建立了"纵向一体"的物联网政策体系，并形成了较为完整的物联网产业体系，这为我国城市公共安全水平的提升提供了技术基础。并且，自党的十八大提出要加强公共安全体系建设以来，党的十八届三中、四中全会围绕食品药品安全、安全生产、防灾减灾救灾、社会治安防控等议题，相继提出了加强公共安全立法、推进公共安全法治化的要求。

二、核心技术与知识产权缺失制约产业化水平提升

科学技术水平作为衡量一座城市安全体系是否完备的重要参数，无论对于资源保障，抑或城市的快速应急处置能力，都具有重要的参考价值和深远影响。科学技术水平应用的层次和发展水平，甚至一定程度上决定着城市的安全防护水平。而我国科技发展近年来虽然取得不俗的成绩，但在高新技术领域依然存在发展短板，在城市公共安全尤其是具有核心保障作用的关键设备领域，国产的技术产品依然处于中低端层次，高端技术与产品需要进口的局面仍未根本改变。由于核心技术的研发无法在一朝一夕取得，具备核心技术和悠久发展历史的国外企业，常常主导了科技领域的发展方向，核心技术的知识产权被其牢牢把控。

这些现象说明了我国城市安全产业技术产品的知识产权真空，成为制约我国城市安全防护水平提升的短板之一。城市公共安全产业的核心是安防装备与产品，而我国安全产业企业在该领域发展时间较短，除了少数像海康威视等在视频监控领域取得不俗成绩的企业外，大多数企业依然是由 OEM 贴牌生产起家，企业早期产品科技含量低，后来产品多为围绕国外核心知识产权

在技术上进行改良或者二次开发而来。当国外中高端品牌随着近年来本土化水平提升，而直接进入国内市场开展竞争后，其持有知识产权与高端产品两柄利剑，一旦发现国内企业试图通过自主研发进入高端产品领域，国外品牌便使用市场规模、专利授权等手段对新生黑马企业利用成本优势、专利上诉等方式拖延企业创新速度，从时间和成本等诸多方面为国内企业的研发设置障碍。

三、创新与研发匮乏是城市公共安全产业发展的短板

安防企业的创新与研发匮乏，是我国城市公共安全产业中亟须提升的另外一块短板。由于产品缺乏核心技术，高端产品严重依赖国外技术，国内企业只能聚集在产业链的中下游，产品附加值不高，产品同质化现象严重。而随着近年来信息技术的发展，上下游供求信息更加透明，导致市场竞争加剧，渠道利润被严重压缩。由于企业创新能力的匮乏，大量企业集聚该行业之内，安防行业企业泾渭分明划分为两种类型：没有研发团队的"纯"组装类型企业，以及拥有一定研发实力的贴牌二次开发企业。前者从事都是短平快的组装制造，从市场中采购全部的设备的核心模块和配件，技术含量仅仅体现在组装的水平上。

第二节　发展特点

一、行政管理体制的完善有力提升了公共安全产业层次

政府作为落实城市安全的行政管理主体，主体角色近年来得到逐步强化，政府的公共安全意识、责任和体制得到理顺强化。党委、政府的领导责任、属地管理责任、部门监管责任、企业主体责任、社会协同责任等按照"谁主管，谁负责"的改革方向发展，在城市安全基础设施规划、建设、运营、管理过程中，各个职能部门不断加强与其他行业管理部门之间的沟通与协调，进一步提高了政府的城市安全管理水平和效率。

由于近年来城市反恐压力的加大，城建、环卫、交通、公安等多个政府部门在城市公共安全等方面各司其职，而在事故处理过程中更多地强调通力合作；致力于进一步强化国内城市安全体系、提高城市安全保障能力的"国家安全委员会"的成立，则从国家安全的高度统筹了公安、武警、司法、国家安全部等国内涉及安全的部门，形成了跨部门、跨职能的国家统一安全部门，这一举措，提高了我国城市安全保障的科学决策水平，加快了城市安全法治化建设，提高了政府决策效率和服务水平，城市安全行政管理体制得到进一步完善，有力地促进了我国城市公共安全产业发展。

二、信息化深入助力城市安全水平提升

首先，物联网应用技术为城市安全增添保障。物联网作为我国新兴战略性产业，在城市安全、公共管理等领域发挥着越来越重要的作用。物联网当前主要应用在对城市安全的统一监控和数字化管理等方面，为城市管理者提供一种全新、直观、视听觉范围延伸的管理工具。如中国科学院自主研发的"电子围栏"，即是物联网应用城市安全监控的一种形式，该系统为上海世博会3.28平方公里的世博园围栏区域提供24小时安全防护，其作用抵得上数百名保安、警察的轮番值守。

其次，信息化渗透城市公共管理领域逐渐增多，安全应用日益丰富。随着我国城市信息化水平的逐步提升，信息技术手段成为了促进城市安全的有效武器，最典型的应用当属城市安全视频监控系统的应用，作为"平安城市"的主要建设目标，全国化、网络化的视频监控系统正在逐步建立。而且，信息化手段也逐步拓展到城市中更多领域，如交通安全、公共安全、建筑安全、环境安全等，时下应用较为成熟的城市智能交通分析指挥系统以及城市基础设施（如桥梁、地下管网等）实时监控系统，都是信息化手段深入保障城市安全的典型示范。针对城市公共场所可能出现的伤人、纵火、爆炸、投毒等各类威胁，针对公共安全的人员密集性、流动性和不可预知性，提出的公共安全联动智能预警方案，为城市人口密集场所的安全提供了新的解决思路。

最后，信息化手段在城市灾害研究、应急救援等领域的助力作用日益凸显。城市生活面临着自然灾害、人为灾害、袭击破坏等诸多威胁城市安全稳

定运行的因素，信息技术手段在诸如地震监测、极端天气预警等方面，正在发挥着越来越重要的作用，如"车联网"可以在重点营运车辆或危险化学品运输车辆进入人口密集的城市区域时，通过 GPS 超速报警系统和远程视频监控系统全程监控司机的驾驶状态和运行路线，一旦发生疲劳驾驶、擅自改变行车速度或路线等异常行为，远程监控系统可以将车辆截停并进行处理；而类似暴徒袭击火车站无辜人群的极端行为，也可以通过全国联网联控的视频监控系统在事后、事中，甚至事前，通过犯罪行为分析、面部识别等信息化技术手段进行暴徒识别、实行抓捕等行动。可以说，信息化是保障城市安全必不可少的手段，且随着经济社会发展显得愈发重要。

第八章 应急救援产业

应急救援产业作为安全产业与公共安全接轨的重要组成部分，随着我国安全产业的不断发展和公共安全要求的不断提高，2016 年，国家加大了对应急救援产业的支持力度，产业指导政策频出，应急救援产业发展动力强劲，为应急救援产业的规范化、创新式发展打下了良好基础，产业容量不断扩大。作为万亿级产业，应急救援产业带动细分行业发展的作用日益凸显，但仍面临产业结构有待调整等问题。

第一节 发展情况

随着《中华人民共和国国民经济和社会发展第十三个五年规划纲要》（以下简称"十三五"规划）的发布，如何健全公共安全体系成为了"十三五"期间的重点课题。应急救援产业作为公共安全体系的重要组成部分之一，"十三五"规划对产业发展提出了几点要求。一是要建立全覆盖、全民参与，与安全风险相匹配的应急体系；二是要加强针对危险源和重要基础设施的应急能力建设，提高基层应急管理水平；三是要针对行业应急要求，强化危化品行业应急、水上应急、医疗救援应急能力和应急资源协同保障能力的建设；四是提升群众自救互救能力，大力培养应急救援专业人才，建立应急征收征用补偿制度。

为贯彻落实"十三五"规划精神，国务院办公厅于 2017 年 2 月 3 日印发《安全生产"十三五"规划》（国办发〔2017〕3 号，以下简称《规划》），不但集中探讨了如何提高应急救援处置效能的问题，还从法律法规建设和行业安全生产工作方面对应急救援产业的发展提出了详细要求。《规划》提出了三大举措来提高应急救援处置效能，为应急救援产业发展开辟了新的空间。第一是健全先期响应机制，推进企业专兼职应急救援队伍建设和应急物资装备配备，在建立企业安全风险评估、监测预警及全员告知制度的基础上，建立政企和周边企业的信息通报和资源互助机制。第二是提升现场应对能力，推进应急救援指挥平台建设、远程通信保障能力建设和应急救援基础数据的采集与数据库建设，健全完善应急救援队伍与装备调用机制。第三是统筹应急资源保障，加强应急救援队伍建设，推进应急救援社会化运行模式发展；完善应急物资储备与调运制度，加强应急物资装备的实物储备、市场储备和生产能力储备。总体来讲，《规划》从应急物资储备、应急平台和信息化技术建设与专兼职应急救援队伍建设三方面，结合 2015 年工业和信息化部、国家发改委印发的《应急产业重点产品和服务指导目录（2015 年)》（以下简称《指导目录》），为应急救援产业监测预警、预防防护、救援处置及应急服务类的产品、技术及服务发展指明了方向。

一、监测预警类

我国国土辽阔，气象地质环境丰富，每年各类自然灾害造成的损失都在千亿元量级，监测预警产品市场发展前景广阔。2015 年，各类自然灾害导致我国 1.86 亿人次受灾，819 人死亡，148 人失踪，直接经济损失 2704.1 亿元。其中因灾死亡失踪人口数量较 2014 年度减少 4 成以上，直接经济损失较 2014 年度的 3373.8 亿元大幅下降；相较 2000 年至 2014 年均值，因灾死亡失踪人口减少 6 成以上。2015 年全国自然灾害损失的总体下降，不但与当年自然灾情总体较轻有关，也与各类监测预警类产品的广泛布局密切相关。其中，以重大自然灾害监测预警产品、重大危险源监测探测产品、应急指挥平台、应急广播系统等产品为主的针对自然灾害进行监测预警的各类产品的广泛应用，在减少自然灾害带来的人员财产损失上起到了主要作用。同时，应急救援产业的监测预警分支在食品药品安全、危险源监测和火灾预警上，也在不断发挥着积极作用。

二、预防防护类

在安全生产活动中，"预防为主"作为其主要方针，在提升生产系统和社会运行的本质安全水平、减少事故及降低突发事件损害上起到了重要作用。根据《指导目录》，预防防护产品主要包括个体防护产品、设备设施防护产品和火灾防护产品等。随着国家对应急救援产业重视程度的加大，近年来我国个体防护市场发展迅速，个人防护产品标准不断更新，2016年实施的即有《日常防护型口罩技术规范》（GB/T 32610—2016）、《个体防护装备 眼面部防护 职业眼面部防护具 第2部分：测量方法》（GB/T 32166.2—2015）等。在消防领域，我国消防工程行业收入占比占建筑安装工程产值比重连年上升，随市场饱和程度的提高增速逐渐下降。2015年，我国消防工程行业营业收入规模达到242.96亿元，消防产业总体规模超过2300亿元。在家用应急防护产品领域，高层楼宇逃生产品、应急包等预防防护产品种类繁多，但产品的美观程度、日常功能有待提高，且民众对家用应急防护重视程度普遍不足，家用应急防护市场发展缓慢。

三、救援处置类

救援处置类产品技术种类繁多，根据《指导目录》可分为现场保障产品、生命救护产品和抢险救援产品等。在各类现场保障产品中，应急通信产品与技术发展迅速，在各大运营商良性竞争的基础上，应急通信平台、设备、车辆及便携式卫星系统等借助各大企业及院校科研机构的技术支持，不断发展创新，取得了一定成绩。以交通运输行业的应急通信产品技术及应用为例，交通运输部印发的《交通运输安全应急"十三五"发展纲要》（交安监发〔2016〕64号）指出，目前在近岸海域和长江干线水域，水上安全通信系统的连续覆盖已经实现，人民群众水上生产应急能力较"十二五"之初有了显著提高。

特种车辆作为救援处置类产品中的重要组成部分，在应对各类突发事件中起到了重要作用。我国特种救援处置车辆行业发展迅速，应急指挥车、强排车等救援处置能力先进的特种车型已实现国产化，在产品功能上已能做到自给自足；高端消防车辆制造市场前景广阔，我国已有部分厂商涉足该领域，但国内行业整体来看，高层供水消防车等高端车辆生产能力仍旧不足乃至欠缺，对国外产品依赖性依然较强。

四、应急服务类

应急救援产业作为为应急救援活动提供安全保障的产业，在为应急救援活动提供服务的同时，也起到了推广行业产品与技术的作用，因此应急救援产业的发展与应急服务的发展水平息息相关。应急服务种类繁多，各行业均有涉及，在制造业领域，安全生产应急服务和应急管理服务等作为新的经济增长点，为行业的供给侧改革和产业结构转型升级提供了新的出路。2016年，我国应急服务市场发展态势良好，保险业对各类应急救援服务支撑作用和公众应急救援服务水平均有提高，随着《规划》的提出，我国应急服务市场规范性再上新台阶，产业发展前景越发广阔。

第二节　发展特点

一、应急救援产业发展面临机遇，前景广阔

随着"十三五"规划的发布，安全产业为公共安全提供支撑作用的重要性再次凸显，应急救援产业发展进入了新的时期。为贯彻落实"十三五"规划精神，2017年2月3日国务院办公厅印发的《安全生产"十三五"规划》对我国应急救援能力提出了新的要求，从应急救援体系、各行业应急救援需求等方面，为应急救援产业发展提出了新的思路并开辟了广阔的空间。《规划》指出，"十三五"期间，应充分发挥应急救援产业的支撑保障作用，消防产业、水上交通、特种设备、电力行业、民航运输和危化品等行业的应急救援装备购置及储备能力、应急救援技术及工艺研发水平和应急救援服务水平还需不断提高。各行业应急救援及处置能力要求的提升，提高了应急救援产业发展的积极性，开拓了应急救援产业发展空间；应急救援装备储备需求和应急救援保障能力要求的不断提升，为应急救援产业专用设备市场长期发展提供了保障。

二、应急救援产业发展动力强劲

"十三五"规划和《安全生产"十三五"规划》对"十三五"期间国家和社会应急救援能力的更高要求，切实反映了人民群众对进一步减少公共安全风险、减少自然灾害和事故灾难造成的生命财产损失的迫切需求。良好的应急保障能力，能够有效减少突发事件造成的损失和产生的消极影响，有利于突发事件事后的快速恢复，能够有效保障人民群众的生命财产安全和日常生活正常有序进行。应急救援产业的发展动力，来源于应急救援队伍的采购需求，主要由实际应急救援需求、对应急救援的重视程度和财政支出能力三方面决定。在当前实际应急救援标准提高、需求上升的前提下，《规划》和"十三五"规划对应急救援队伍建立的制度化和应急救援理论的宣教普及工作提出了重点要求，从实际行动角度要求企业和各单位提高对应急救援队伍建设的重视程度。同时，《规划》提出要推动高危行业领域应急救援队伍建设及应急物资装备配备，保障应急救援队伍资金来源；推进应急救援联动指挥和信息共享，健全应急救援队伍与装备调用制度，以提高应急救援水平、减少企业花销，高效利用应急救援资源。由此，《规划》和"十三五"规划为应急救援产业发展扫清了障碍，为产业发展注入了活力。

三、应急救援产业发展结构仍待调整

我国应急救援产业发展仍面临许多困难。我国应急救援产业企业规模普遍较小，专门进行应急救援设备、技术生产研发工作的大型企业缺乏，行业缺少具有核心竞争力的龙头企业。以企业规模和企业数量衡量应急救援产业发展状况，我国华东地区和西南地区发展情况要好于平均水平，但仍存在企业集中度较低、整体专业化水平有待提高的问题；西北地区和华南地区应急救援产业规模低于平均水平，发展空间巨大。

第九章　安全服务产业

安全服务包括安全技术咨询、推广、展览展示，宣传教育培训，应急演练演示，检测检验，安全评价，事故技术分析鉴定以及针对安全的工程设计和监理，保险，设备租赁，融资担保等服务。安全服务产业作为安全产业的重要组成部分，有力地保障了我国工业领域的安全生产工作，提升了本质安全水平。2016年，我国安全服务产业呈现三个特点：安全服务市场化、专业化发展模式初显；从业人员素质不高，技术力量薄弱；社会认知范围不广，发展后劲不足。未来，随着《关于推进安全生产领域改革发展的意见》的落实，明确要求将安全生产专业技术服务纳入现代服务业发展规划，培育多元化服务主体，建立政府购买安全生产服务制度，支持相关机构开展安全生产和职业健康一体化评价等技术服务，严格实施评价公开制度，进一步激活和规范专业技术服务市场，在此背景下，我国安全服务产业的市场发展将会更加有序，规模将进一步扩大。

第一节　发展情况

一、安全咨询

安全咨询，是针对企业或者政府在安全生产管理中存在的问题，安全专家或服务机构从管理、技术、体制、机制提出解决方案，融合发现问题、分析问题、解决问题的过程。近年来，安全咨询服务的专业化、社会化水平不断提高，市场发展逐渐规范，相关企业规模和效益也在逐步扩大。我国安全咨询体系作为安全生产的基础保障工作不断完善，安全咨询水平和能力进一步提升，为企业的安全生产作出了巨大贡献，在安全技术咨询、日常安全咨询、安全认证、规范制度、标准化制度、方案预案编制、安全管理咨询等方面形成了较为完善的体系。但咨询服务机构的发展却较为缓慢，据初步统计，截至目前，我国共有各类安全咨询公司2万余家，而真正从事咨询服务业务的仅1500余家，对企业的支撑力度不足。

二、安全评估

为了让企业的每一位员工都能从根本上重视安全工作，了解和掌握基本安全知识，企业应当高度重视安全评估工作。所谓的安全评估就是为落实安全生产管理工作提供所有的基础数据和资料，并综合考虑各方面因素，评估出不同环境和不同时期的致灾因素，从而有效加强安全管理，避免安全事故的发生。2016年，安全评估服务专业化水平不断提高，服务机构的发展更加规范，企业规模也不断扩大。国家安监总局公布的数据显示：全国安全生产评价获甲级资质的机构达221家，各省份批准的乙级机构超过400家，形成了集安全预评估、安全生产条件论证、安全现状评估、安全验收评估、风险评估等于一体的评估体系，为企业的安全生产工作提供了有力支撑。

三、安全培训

为了有效避免安全事故的发生，提高全体劳动者的安全素质，最重要的一个手段就是安全培训。所谓安全培训，就是对安全监管监察人员、生产经营单位从业人员和从事安全生产工作的相关人员进行以安全教育为主的教育培训活动。国家安监总局在2016年多次举办煤矿、非煤矿山、危化品、建筑施工、道路交通等多领域安全培训班，从安全监管、作业操作、安检机能等多方面进行培训，取得了良好效果，同时网络培训、视频培训等创新模式的应用成为安全培训的又一有效途径。此外，深入推进了安全培训考试体系和全国安全培训信息管理平台建设，安全培训工作的受益面越来越广。安全培训工作的开展离不开安全培训机构，在国家《安全生产法》和《煤矿安全培训规定》等相关法律法规出台之后，对安全培训机构提出了更高的要求，其发展也更加规范。据初步统计表明，"十一五"以来，全国年均培训2000万人次左右,《安全生产法》等 20 余部法规对安全培训作出规定,国家安监总局出台了 4 部部门规章、42 个规范性文件、104 个培训大纲和考核标准,实施了全员培训、持证上岗、从业人员准入、培训机构准入、教考分离、经费保障、责任追究 7 项法律制度。截至目前,全国已建成各级安全培训机构 4051 家,有专职教师 2.1 万人;全国共有执业资格注册安全工程师 217749 名,比 2010 年增长了 40%,其中 157167 人注册,安全生产管理人才、高技能人才和专业服务人才总量达到了 670 万,比 2010 年增长了 60%;高危企业主要负责人、安全管理人员、生产经营单位特种作业人员持证上岗率分别达到 99.2%、96.1%、98.3%;班组长、农民工培训合格上岗率分别为 84.0%、93.6%,安全监管监察人员持行政执法上岗证率为 95.0%,安全培训的成效显著。

四、安全检测检验

2016 年,国家安监总局出台了《关于安全评价与安全生产检测检验机构甲级资质延期换证有关工作的通知》(安监总规划〔2016〕120 号,以下简称《通知》),对近三年来,遵守国家法律法规,资质保持状况良好,没有因违规受到安全监管监察部门重大行政处罚的机构,予以换发甲级资质证书,避免机构因资质过期出现从业违法现象。《通知》进一步简化审批环节、减少许可事项,优化换证程序和手续,引导提升专业服务能力和规范发展水平。目前,我国已经形成了设施设备在用检验、监督监察检验、作业场所安全检测和重大事故以下的事故物证分析检验等业务体系,为安监部门提供执法依据、企业安全生产提供技术支撑。据初步统计,由国家安全监管监察系统实施资质许可管理的甲级安全生产检测检验的机构有 57 家,省、自治区、直辖市的乙级安全生产检测检验的机构有约 350 家。2016 年安全生产评价与检测机构完成各类技术服务 7.6 万项,发现隐患和问题 32.5 万项,提出措施建议 27.9 万条,为排查治理事故隐患,预防事故发生,提供了有效的技术支撑和专业服务。

五、融资服务

2015 年 11 月 5 日,工业和信息化部、国家安全生产监督管理总局、国家开发银行、中国平安在北京签署了《促进安全产业发展战略合作协议》，组建了国内首只安全产业发展投资基金。协议中明确指出工信部将在标准制定、政策指导、行业规划、组织协调和产业布局等方面发挥重要作用；国家安监总局也将大力推进装备推广应用和促进安全技术推广；国家开发银行将在市场开拓、信用建设和资金融通等方面发挥优势；平安集团将在银行信贷、融资租赁等方面提供全方位的综合金融服务。上述单位通过政产学研用金相结合等手段，培育以企业为主体、市场为导向的安全产业创新体系，从而支持安全产业中安全领域新技术、新产品、新装备、新服务业态的发展，着力解决制约我国安全技术和装备发展中的共性、关键性难题，提升我国安全技术和装备的整体水平，从而提高全社会的本质安全水平。2016 年 10 月 24 日，在工业和信息化部的组织和指导下，徐州市政府与平安银行、上海银行、国开泰富基金管理公司等多家金融机构签署了徐州安全产业发展投资基金战略合作协议，标志着总规模为 50 亿元的国内首只地方安全产业发展投资基金落户徐州，这对于探索地方政府与社会资本合作推进新兴产业发展模式，具有重要意义。

六、电子商务

中国安全产业电子商务的发展，有效地推动了传统安全产品制造企业和物流运输企业的转型，一些企业成功转型为行业服务和解决方案提供商；一些企业级和行业 B2B 平台也开始在行业内发挥集聚作用，有效地促进了供应商群和客户群将电商品牌聚集。逐步加强行业和企业的供应链管控能力，大大加速了行业供应链优化进程，这对于传统行业克服产能过剩，淘汰落后产能，减少重复建设有重大意义。

第一，建立安全产业电子商务交易平台。利用"互联网 + 安全"产业，着眼于安全产业大发展、保增长的硬性市场需求，通过建立安全产业电子商务的交易平台（中安商城），以电子商务、金融服务为核心，为安全产业链提供支持和服务。第二，营造安全产业电子商务发展的政策环境。为了加强对电子商务企业的规范和引导，积极探索通过政、产、学、研，合作创新电子商务公共服务的模式，加快建立电子商务发展的多元化、多渠道投融资体制，吸引更多民间资本进入电子商务领域，为中国安全产业电子商务的发展营造良好的市场环境。第三，完善安全产业电子商务的服务体系。积极探索在政策研究、标准制定、产品推广、市场开拓、投资服务、信息交流等方面，通过运作机制创新、会员服务模式创新、市场开发机制创新等手段为政府和企业提供高效、优质、满意的市场化中介服务，充分发挥市场的决定性作用。第四，充分发挥桥梁作用服务企业。运用协会的中介功能，架好企业与市场、企业与政府的沟通信息渠道，线上服务线下支撑相结合的手段，通过打造"中国安全产业产品推荐目录"及配套服务，为企业找市场，为政府做参谋，为社会做保障。

第二节 发展特点

一、安全服务市场化、专业化发展模式初显

综合分析，目前我国的安全生产中介服务业其实还处于初级建设阶段，多数安全生产服务机构仍然具有一定的行政职能或者带有行政色彩，并没有完全实现真正意义上的安全生产中介服务。但近几年，我国从事安全生产中介服务的中介组织和专业人员也有一定规模的发展，目前，北京、上海、重庆、江苏、河南、新疆等30个省、自治区、直辖市都有了符合资质的安全服务中介机构。广东、福建等省份先后成立了一批中介服务机构，实行安全主任等安全专业人员资质认证制度，取得了较好的效果。全国其他地方也有一批安全生产中介服务机构。这些安全生产中介机构大多数是从某些政府部门分离出来或者实行企业化管理的事业单位，它们已经或者正在脱离具有行政管理职能的旧体制，逐步向完全的市场化、专业化方向转变。

二、从业人员素质不高，技术力量薄弱

专业人员的缺失，是制约我国安全服务产业发展的重大问题。目前，我国一些安全中介机构并没有聘请专业人员，负责安全评价、安全培训、安全

检测的工作人员甚至对业务知识一无所知。一些评价人员仅按照简单的"模板"来检查被评对象是否符合标准，极少能针对具体问题提出系统的风险分析与评价，使得原本技术性很强的安全评价工作变成简单的体力活。这样一来，安全中介机构的服务质量也很难让企业满意。此外，现有的安全中介机构技术力量弱小、分散，不能满足实际的需要。一些安全中介机构并没有配备专业的检测检验设备，或者配套的设备年代久远，不能适应新技术的要求，不仅造成评价方法不科学，编制的报告也缺乏准确性。部分评价机构专业能力差，缺少专业技术人才，自主创新能力不强，评价报告照抄照搬现象严重，从而严重影响到安全生产技术分析的准确性。

三、社会认知范围不广，发展后劲不足

由于我国安全中介机构起步较晚，根基不强，经验不足，导致社会普遍认知度不高。除了部分拥有安全评价甲级资质的单位在安全生产领域小有名气外，其他安全中介机构并没有打响自身的认知度。这主要有三个原因：一是安全中介机构的服务业务范围小，服务质量有待加强。二是企业负责人的安全意识不强，大多数企业在开展安全管理工作时，都是凭借自身的安全机构及其经验，很少通过专业的安全中介来完成。三是部分安全中介机构单纯为追求经济效益而一味迎合某些企业的要求，致使评价报告质量不高、针对性不强，甚至出现提供不符合实际情况的虚假报告的现象，严重影响了整个行业的形象。

区域篇

第十章　东部地区

我国东部地区整体经济发展水平较高，安全产业在该地区也日益受到重视。目前江苏省徐州市和山东省济宁市正在积极建设安全产业园区（基地）。截至 2016 年，徐州安全产业园区已初具规模，在工业和信息化部的组织和指导下，国内首只地方安全产业发展投资基金落户徐州，为徐州市安全产业中小企业发展提供了资金支持。济宁市立足其在工程机械产业方面的优势，力争到 2025 年实现安全产业总产值达到 300 亿元，形成 3—4 个在交通与岩土工程抢险、院前急救物资、安全软件和信息化等领域内拥有技术主导权的产业集群。东部地区整体呈现出市场敏锐性强，经济发展及政策支持为安全产业带来有力支撑，同时科技创新能力具备优势，人才及先进技术集中。

第一节　整体发展情况

东部地区是我国经济发达、市场化程度较高的地区，地理区位条件为安全产业的发展创造了良好的外部环境。早在 2009 年，安全产业就已成为各省（市）产业结构调整和工业转型升级的热门方向之一，江苏省徐州市、山东省济宁市等有条件的地区正在积极布局和建设安全产业园区（基地）。2016 年，徐州的安全产业园区建设已经初具规模。特别是 2016 年 8 月，鉴于在"国家安全产业示范园区"创建工作中的优异表现，徐州安全科技产业园经国家安监总局与工业和信息化部考核，被正式批准成为全国首个"国家安全产业示范园区"。分区域来看，江苏省、浙江省、上海市等地经济发展形势较好，安全产业及安全产品销售收入也名列前茅。

第二节　发展特点

一、市场敏锐性强

东部地区凭借优越的地理位置，安全产业市场需求旺盛，发展势头强劲。当地政府加强前瞻部署，强化创新能力，掌握发展主动权。例如，徐州等城市的经济支柱普遍以传统工业为主，工业转型升级压力大，对安全产业这一新的经济增长极非常关注。特别是长三角经济发达地区先后进入工业化中后期，产业链正在持续延伸，以知识密集型、技术密集型和资本密集型为特征的产业加快发展，产业升级和产业结构调整的步伐正在加速推进，这些产业发展的内在要求为东部地区发展安全产业提供了历史机遇。目前我国正努力解决能源产能过剩问题，工业处于转型升级特殊时期。工业高危行业增长迅速，行业结构布局不合理、安全生产设备装备情况相对滞后。作为为其他工业产业提供安全保障的重要产业，安全产业的产品价格、设备及服务产品质量直接影响着企业的运行成本和运行安全水平。大力促进安全产业发展，可以促进安全产品规范化、规模化生产，提高安全产品的技术水平和产品附加值，在提升我国安全产业企业国际竞争力的同时，为我国企业提供有效的生产保障，提高企业本质安全水平。

二、产业集群雏形初现

目前，我国东部地区安全产业的空间集聚效应日益突出，产业园区、基地建设已成为一种发展趋势。《关于促进安全产业发展的指导意见》明确提出了"建立一批产业技术成果孵化中心、产业创新发展平台和产业示范园区（基地）"的发展目标。从安全产业示范园区（基地）发展轨迹和建设计划来看，均立足在自身区位、产业基础上发挥优势，产业特色逐渐鲜明。例如，山东省济宁市发挥工程机械产业集群在安全产业领域的应用优势。济宁高新区内以小松山推、山推股份、小松山东、山重建机、山推机械五大主机平台为代表的工程机械产业集群，集聚企业 300 多家，是国内公认的六大工程机械制造基地之一；江苏省徐州市是装备制造之城，聚集了徐工机械、卡特彼勒等世界著名的工程机械生产企业，以及围绕这些核心企业形成的相互衔接配套的工程机械产业集群。

三、科技创新能力卓越

近年来，在相关政策的引导下，随着东部地区技术创新体系、技术创新公共服务平台、协同创新机制、人才培养和引进机制等的建立，企业自主创新能力有了很大改善，安全产业企业自主创新能力也得到了较大提升。特别是华东地区拥有上海市、江苏省等经济发达地区，区域内科研机构林立、大学城独具特色和人才资源丰富。

第三节　典型省份——江苏省

江苏省是安全产业发展大省，主要集中在徐州市。近几年，在国家相关政策的支持下，徐州将安全产业作为一个战略产业全力培育，充分利用产业优势、技术研发优势、产业承载优势、人才优势等，着力强化安全科技研发、转化和应用，切实做大、做强、做优安全产业。徐州高新区是工信部和国家安监总局确定的首个国家级安全产业示范园区。

一、发挥区位优势，迎合市场需求

中东部地区拥有广泛的安全产业市场潜在需求。徐州恰好位于东部沿海与中部地带，处于长三角经济圈与环渤海经济圈的接合部，具有独特的区位优势。内蒙古、山西、河南等省份是我国重要的煤炭产区；东部地区相对来说经济较为发达，工业生产规模宏大，尤其是化工、汽车等领域已经形成规模化的产业集聚。中部、东部地区经济社会的迅猛发展带动建筑行业的快速发展，而煤炭、化工、建筑都属于高危行业，道路交通则是我国安全生产事故数量和死亡人数最多的领域，这些行业都是安全产业巨大的潜在市场。地处国内广阔安全产业市场腹地的徐州具有得天独厚的优势，这是徐州安全科技产业园快速发展安全产业、提高产业竞争力的助推剂。

二、政府高度重视，发展形势良好

安全产业是实现社会和谐发展的产业，既有社会效益，又有经济效益，是一个战略产业。2016 年 10 月 1 日，《江苏省安全生产条例》开始实施，对安全投入、安全技术装备等都进行了明确规定。2016 年江苏省分两批下达了安全生产专项资金，对安全生产技术、装备等项目给予支持，总金额 8000 多万元。近年来，徐州市政府在深入谋划中精准发力，高度发展安全产业，走出一条令人振奋的战略产业发展新路径，对我国其他园区的发展有借鉴作用。徐州高新区依据自身产业优势，积极推进协同创新，努力集聚安全企业，致力搭建平台载体，初步形成了矿山安全、消防安全、危化品安全、公共安全、居家安全为主导的产业体系，得到了工信部、科技部、国家安监总局等国家部委和各级政府领导的高度认可和大力支持。目前以徐州高新区为中心，徐州市已建设 1 个占地 5 平方公里的国家级安全科技产业园、1 个总建筑面积 7 万平方米的安全产业国家级孵化器，集聚安全产业企业近百家、安全科技研发机构 20 多个，2016 年实现安全产业产值 300 多亿元。

三、创新投融资模式，缓解资金难题

自 2015 年 11 月由工信部、国家安监总局、国开行和中国平安共同设立首只 1000 亿元安全产业发展投资基金后，徐州市政府积极对接基金管理团队，参与了基金管理办法的制定，邀请基金管理机构来徐州对接金融机构和安全企业。2016 年 10 月，在工业和信息化部的组织和指导下，徐州市政府与平安银行、上海银行、国开泰富基金管理公司等多家金融机构，签署了徐州安全产业发展投资基金战略合作协议，标志着总规模为 50 亿元的国内首只地方安全产业发展投资基金落户徐州。这只基金的成立是通过产融结合促进安全产业发展的又一次有益尝试，对于探索地方政府与社会资本合作推进新兴产业发展模式，具有重要意义。

加快推进安全产业发展，可以进一步激发各类基金投向安全产业，推动安全科技成果加速转化和安全产业企业迅速壮大。此外，徐州高新区还大胆创新商业模式，与江苏中业慧谷集团采取 PPP 的合作模式，共同实施徐州国家安全科技产业园中业慧谷项目，充分发挥政府的引导作用和企业的市场化运作效应，将优势互补、资源共享，通过共建共赢，全力构建全国性的安全产业创新高地和高端装备制造基地。

四、"一带一路"带来新发展机遇

徐州市将积极贯彻落实"一带一路"国家战略的决策部署，抢抓机遇，主动对接，积极作为，力争在融入国家战略大格局中下好"先手棋"、打好"主动仗"，为"迈上新台阶，建设新徐州"提供新动能。"一带一路"沿线对安全产业合作有所希冀。2016 年，在徐州举办的安全产业国际会议上，美国、英国、乌克兰、土耳其派出了政府机构负责人、科研团队和企业代表参加，对徐州乃至我国的安全装备和技术产生了浓厚兴趣，并希望深度合作。加快推进安全产业发展，可以通过落实"一带一路"倡议，实现在安全产业领域引领和参与国际分工合作。

第十一章　中部地区

我国中部省份在发展安全产业的过程积极布局，如安徽省、河南省，纷纷出台了有关发展安全产业的政策和措施，合肥、襄阳等城市也纷纷成立了安全产业示范园区（基地）或成为示范发展城市。总体而言，中部六省在发展安全产业的过程中，政策环境总体上不断优化，产业发展势头强劲，呈现出了集聚化发展状态，集群雏形初步显现，产学研体系得到逐步完善，科技创新能力显著提升，中部六省的产业市场需求愈发旺盛，产业发展前景广阔。以安徽省为例，合肥市和马鞍山市的安全产业发展可圈可点，发展经验值得其他城市学习，发展经验值得在全国范围内推广。

第一节　整体发展情况

我国中部地区包括山西、安徽、江西、河南、湖北和湖南六省。中部地区安全产业具备一定的基础，整体发展情况较好。在国家安全产业政策的引导下，中部各省市积极布局安全产业，纷纷出台了促进安全产业发展的地方性引导文件，如《安徽省公共安全产业技术发展指南（2010—2015 年）》《河南省人民政府办公厅关于加快应急产业发展的意见》等。另外，中部地区安全产业呈现出了集聚化发展趋势，一批安全产业园区（基地）已经初步成型，如：2015 年 12 月，国家安全生产监管总局、工信部正式批复同意合肥高新区创建国家安全产业示范园区；2015 年 6 月，中国安全产业协会授予襄阳市"全国安全产业示范城市"牌匾，授予樊城区"襄阳市应急产业示范园"牌匾。

第二节　发展特点

一、政策环境不断优化，安全产业发展势头强劲

近年来，国家层面出台了一系列文件，促进安全产业发展，并确定了安全产业的战略地位。中部各省市积极响应，出台地方性引导文件，鼓励安全产业发展。

省级层面，2010 年，安徽出台《安徽省公共安全产业技术发展指南（2010—2015 年）》，明确了本省公共安全产业的发展目标和技术路线，确定了煤矿安全、交通安全等七大重点发展方向，并提出构建技术研发、转化和共享三大平台；2015 年 12 月，河南省出台《关于加快应急产业发展的意见》，提出到 2020 年将河南省打造成全国重要的应急产业示范基地和应急物资生产能力储备基地，明确了应急装备、交通安全等五大优势领域和航空应急、智能机器人等七大潜在领域的重点发展内容，并提出了七大主要任务。

市级层面，2009 年，合肥市出台《公共安全产业发展规划（2009—2017 年）》，提出"到 2017 年，实现产值 1000 亿元，力争达到 1200 亿元，培育若干个年销售收入超百亿元的公共安全企业，全面建成全国重要的公共安全产业基地"的发展目标，明确了消防安全、防灾减灾等七大重点领域和重点任务。2015 年 9 月，襄阳市印发《国家安全发展示范城市建设规划（2015—2017 年）》，明确了道路交通安全、消防安全、危化品安全等安全产业重点发展方向和发展本质安全型企业。

随着地方性引导文件的陆续出台，中部地区安全产业发展环境不断优化，安全产业发展势头强劲。

二、呈现集聚化发展趋势，产业集群雏形初现

中部地区安全产业呈现集聚化发展趋势，涌现出了一批安全产业园区（集群），产业集聚发展能够实现资源优化配置，降低企业成本，提升产业整

体竞争力，促进安全产业快速发展。

合肥安全产业示范园区，以合肥高新区为依托，主要涉及交通安全、火灾安全、信息安全、矿山安全、电力安全等五大领域，拥有安全产业企业220余家，从业人员2.4万人，2014年实现营业收入280亿元，目前安全产业已成为合肥高新区的第二大产业。

襄阳安全产业示范城市，以现有安全产业为基础，结合汽车制造、装备制造等产业优势，并将安全产业纳入战略性新兴产业加以扶持，以具体项目的实施促进企业转型升级和技术创新，目标是打造国家级千亿级智能安全产业示范基地，2014年襄阳市安全产业实现产值121亿元，同比增长23%，有处置救援类企业9家、消防处置类企业9家、应急服务类企业6家、预防防护类企业5家。

湖北中部消防安全产业基地，2014年1月，该基地开工建设，将围绕国家消防安全的需求，集多方优势资源，依托现有消防安全产业优势，构建相关产业链，重点研发制造消防设备、消防装备、消防安全仿真培训与事故演练系统等系列产品。

三、产学研体系逐步完善，科技创新能力显著提升

中部诸如安徽、湖北等省利用高校、科研院所等优势，逐步构建完善的产学研体系，涌现出大量科技研发平台，安全产业科技创新能力显著提升。

安徽省依托中国科学技术大学、合肥工业大学、安徽大学、中国电子科技集团公司等38所高校和科研院所雄厚的科研实力，形成了火灾科学国家重点实验室、煤矿瓦斯治理国家工程研究中心等一批安全产业科技研发平台，逐渐培育了一批拥有核心技术和专利产品、市场开拓能力强、成长性好的公共安全产品制造企业。合肥市作为安全产业集聚区，拥有中科大先进技术研究院、合肥工业大学智能制造研究院、中科院合肥技术创新工程院、合肥公共安全研究院、合肥通用机械研究院、中国电科38所、中国电科43所、中国电科16所、安徽省应用技术研究院等各类科研机构275家，国家级及部级重点实验室20个，具备较强的安全产业科技创新能力。

四、市场需求旺盛，安全产业发展前景广阔

中部地区作为我国的"三基地、一枢纽"（粮食生产基地、能源原材料基地、现代装备制造及高技术产业基地和综合交通运输枢纽），正处于经济崛起和转型升级时期，对安全产业技术、产品与服务需求旺盛，利于中部地区安全产业市场的发展壮大。

首先，在晋北、晋东、晋中、淮南、淮北和河南大型煤炭基地的建设，煤炭企业技术改造、转型升级的过程中，对煤矿专业安全装备、煤矿灾害监测监控设备、应急救援设备、矿山安全物联网系统及安全服务等将产生大量的需求。

其次，老工业基地调整改造对安全产业市场起到积极的促进作用。老工业基地经过多年粗放式的发展，安全生产基础比较薄弱，安全技术、装备水平落后。《国务院关于大力实施促进中部地区崛起战略的若干意见》（国发〔2012〕43 号）提出加大对中部地区老工业基地调整改造项目和企业技术改造的支持力度，其中安全技术改造和安全生产水平的提升必将成为工作重点，在此过程中，也产生了旺盛的安全产业技术、产品和服务市场需求。

第三节　典型省份——安徽省

一、基本情况

（一）安全生产事故情况

2016 年，安徽省相对中部地区其他各省，安全生产形势表现较好，全年未发生一次死亡 10 人以上的重特大安全生产事故，但较大事故仍时有发生，涉及交通、生产经营性火灾、建筑施工、工商贸、渔业船舶等多个领域，安全生产工作有待进一步加强。

表 11-1 2016 年安徽省发生的典型安全生产事故情况

单 位	事故起数		死亡人数	
	事故总数	其中：道路运输	死亡总数	其中：道路运输
合 计	3304	2904	1853	1423
合肥市	603	513	396	307
淮北市	91	69	81	57
亳州市	303	280	133	102
宿州市	199	182	122	105
蚌埠市	115	105	101	91
阜阳市	204	189	101	75
淮南市	275	257	126	109
滁州市	129	112	108	88
六安市	201	184	118	100
马鞍山市	175	149	76	50
芜湖市	274	237	128	91
宣城市	74	52	66	43
铜陵市	122	106	46	28
池州市	153	138	80	64
安庆市	243	216	93	61
黄山市	84	63	43	25
广德县	22	19	28	24
宿松县	37	33	7	3

资料来源：安徽省安全生产监督管理局，2017 年 1 月。

（二）经济发展情况

2016 年，安徽省主要经济指标增长好于预期、领先中部、快于全国。初步核算，全年全省地区生产总值 24117.9 亿元，按可比价格计算，比上年增长 8.7%。其中，第一产业增加值 2567.7 亿元，同比增长 2.7%；第二产业增加值 11666.6 亿元，同比增长 8.3%；第三产业增加值 9883.6 亿元，同比增长 10.9%。一二三次产业比例为 10.6：48.4：41，人均 GDP 为 39092 元（约折合 5885 美元）。

安徽省拥有 18 个高新技术产业开发区，全省规模以上高新技术产业实现产值 18219.6 亿元，比上年增长 17.6%；实现增加值 4094.9 亿元，比上年增长 16.7%，高于全省规模以上工业增速 7.9 个百分点。

安徽省高新技术产业以电子信息、家用电器、食品医药、材料和新材料、轻工纺织、能源和新能源等产业为主导，其中，电子信息和家用电器产业实现增加值 1022.5 亿元，其次是汽车和装备制造产业。

二、安全产业发展情况

研究显示，一些经济发达国家或地区，安全产业产值占 GDP 的比重可以达到 8%，而目前我国正处在城镇化和新型工业化加速发展阶段，安全产业仍处于成长期，所占 GDP 比重还不高，全国平均值不超过 1%，市场潜力较大。安徽省在 2016 年以科学技术为突破口引领全面创新，一改传统农业和煤炭、钢铁等资源型产业为主的经济结构，实现从"农业大省"到"科技大省"的角色转变，经济形势稳中向好，闯出了一条中西部"科技创新促崛起"新路。其 2016 年全年生产总值接近 2.5 万亿元，而安全产业占比还不高，具备较大的市场空间。安徽省重视安全产业的发展，多个地市根据自身特点，积极谋划与布局安全产业发展。

2015 年 12 月 8 日，经国家安监总局、工信部正式批复，合肥高新区正式成为国家安全产业示范园区。这是继徐州、营口创建专业性安全产业园区之后，国家安监总局、科技部批准创建的全国唯一一家综合性安全产业示范园区。近年来，合肥高新区紧紧抓住国家大力发展安全产业的战略机遇，依托全国科教基地和科技创新城市这一重要的区位优势，以及区内雄厚的安全科研力量和成熟的安全产业基础，全力打造特色鲜明、国际领先的国家安全产业示范基地。合肥高新区作为首批国家级高新区，在安全产业领域取得了长足发展，先后荣获工信部新型工业化公共安全产业示范基地、科技部公共安全信息技术特色产业基地、工信部公共安全应急产业示范基地等称号。合肥高新区成为安全产业示范园区，基于以下几个原因：一是产业基础较好，安全产业为全区第二大产业，拥有企业 220 余家，从业人员 2.4 万人，2014 年实现营业收入 280 亿元，产业集群主要涵盖交通安全、火灾安全、信息安全、矿山安全、电力安全五大类，拥有一大批国际领先的安全企业和安全产品；

二是科技力量较强，安全产业集群拥有博士后工作站 10 家、重点实验室 3 个、国家级重点新产品 14 项，荣获国家科技进步奖 7 项，拥有专利 221 项，其中发明专利 41 项；三是发展平台完善，拥有中科大先进技术研究院、合工大智能制造研究院、中科院合肥技术创新工程院、合肥公共安全研究院、合肥通用机械研究院及中国电子科技集团第 38、43、16 所等一批国家级安全产业公共服务平台；四是政策优势明显，省、市、区均将安全产业作为重点支持的产业，在制度创新、专项资金支持、安全产业创业投资基金设立、人才队伍建设等方面给予充分保障。下一步，合肥高新区将紧紧抓住国家一系列培育安全产业扶持政策和创建国家安全产业示范园区的契机，聚焦发展方向，突出发展重点，培育核心企业，做大做强安全产业；坚持安全生产问题导向，加大产品市场推广力度，努力将技术优势转化为产品优势，切实在国家安全产业园创建中起到示范和引领作用，为"科技兴安"作出积极的贡献。

此外，安徽省马鞍山市于 2015 年 8 月 18 日正式成立中国安全产业协会（马鞍山）示范基地。马鞍山市招商局为配合安全产业的在示范园区内尽快落地，针对基地内存在的问题，以积极的姿态，在示范园区内的项目准入、土地、租金的优惠、企业税收额度的减免、政府的项目补贴等方面，在政策允许的范围内尽可能地给予安全产业相关行业落地以最大力度的优惠。同时，马鞍山市安全产业示范基地计划在马鞍山市建立安全产品交易市场，该交易市场定位为华东地区乃至全国地区的安全产品交易集散地，马鞍山市作为全国安全产业示范城市获得领域更大的影响力和吸引力。

第十二章 西部地区

我国西部地区疆域辽阔，自然资源丰富，已探明矿产资源在全国所占比例极高。该区域与多国接壤，在地理位置及能源资源方面极具优势。在国家"一带一路"政策的支持下，西部地区享有多项政策优势，安全产业发展前景良好。目前西部地区地方政府对安全产业高度重视，其中重庆市早在 2007 年就着手发展安全产业，预计 2017 年将实现安全产业年产值 500 亿元的目标。2011 年，重庆市成立西部安全（应急）产业基地，将建设成为应急装备产业化基地和军工技术创新转化产业示范基地。新疆也在积极进行安全产业规划部署，其凭借地域资源及国家政策支持，在向西开放中发挥着重要作用。

第一节 整体发展情况

我国西部地区包括位于西北的甘肃、青海、宁夏、陕西、新疆五省区，位于西南的重庆、四川、贵州、云南、西藏五省区市，和广西、内蒙古等共十二个省、自治区和直辖市。西部地区地域辽阔，拥有 538 万平方公里土地面积，约占全国土地面积的 56%。目前有人口 2.87 亿人，约占全国人口的 22.998%。这里自然资源十分丰富，其中水能蕴藏总量和可开发水能资源分别占全国的 82.5% 和 77.8%；矿产资源远景十分可观，已探明的煤炭储量占全国的 36%，石油储量占全国 12%，天然气储量占全国 53%，铁矿储量占全国 24%，铬铁矿储量占全国 73%，铜、铅储量占全国 41%，锌储量占全国 44%，镍储量占全国 88%，汞储量占全国 86%，钾盐储量占全国 99%，磷矿储量占全国 49%，石棉储量占全国 98%。

疆域辽阔的西部地区与十多个国家接壤，拥有 12747 千米陆地边境线，有历史上以长安为起点、穿越西部地区连接亚洲、非洲和欧洲的古代陆上商业贸易路线的"丝绸之路",为西部地区经济和发展边贸带来了得天独厚的优势。但是恶劣的地形条件和气候条件严重阻碍了西部经济的发展,人均 GDP 仅相当于全国平均数的 60%。利用西部地区天然资源,开发西部地区,促进西部地区经济的发展已成为实现中国梦的重要一部分。2015 年 3 月 28 日,国家发展改革委联合商务部、外交部发布《推动共建丝绸之路经济带和 21 世纪海上丝绸之路的愿景与行动》,自此西部开发战略借此良机轰轰烈烈向前推进。

自"一带一路"倡议提出后,西部地区承包工程项目总计突破 3000 个。我国企业 2015 年对"一带一路"相关的 49 个国家的直接投资额同比增长 18.2%。同年我国承接"一带一路"相关国家服务外包合同金额 178.3 亿美元,同比增长 42.6%;执行金额 121.5 亿美元,同比增长 23.45%。截至 2016 年 6 月底,中欧班列开行累计 1881 列,其中回程累计 502 列,实现进出口贸易总额达 170 亿美元。形势利好,为安全产业发展带来勃勃生机。

第二节 发展特点

一、地方政府对安全产业高度重视

重庆市政府一直对安全产业十分重视,举全市之力促进安全产业加速发展。积极发挥市场作用,通过政策支持鼓励具备潜力的企业迅速成长。通过政策引导、平台建设和市场运作等措施,为全市安全产业制定了 2017 年实现产值 500 亿元的总目标,同时将安全产业纳入重庆市工业转型升级、振兴装备制造业等优惠政策的支持范围内。

为促进安全产业发展,制定《安全生产新型实用装备(产品)指导目录》,以加快实用先进的专用产品、技术的推广应用;为安全产业新产品、新技术提供更多税收政策优惠,颁布《安全生产专用设备所得税优惠目录》;善用税收激励政策以落实企业研发及科技投入的研发费用,同时充分运用知识产权质押等创新金融政策、产业发展的土地优惠扶持、政府采购等相关配套扶持政策。重庆市政府致力提升城市安全等级，在城市道路交通、公共安全方面加大投入，将安全落到实处。自重庆成为直辖市以来，各类安全投入据初步统计累计达 200 多亿元。市政府不断加大道路交通安全科技保障投入，一是要求加强"两客一危"车辆的管理，深化执行"安全带—生命带"行动，截至目前，已实现 2.7 万台相关车辆装载 GPS 动态监控，1.8 万台半挂牵引车和重型货车接入全国货运公共平台。二是同时全面推进"生命工程"公路防护栏建设，以每年逾 1000 公里的速度延伸至农村道路。三是积极建设智能交通，加速应用"可变导向车道""自适应控制技术"等，预计于 2017 年实现交通信号控制、交通指挥调度以及交通预测诱导一体化。

新疆是中国向西开放的前沿阵地和重要门户。形成了沿边、沿桥、沿交通干线向国际和国内拓展的全方位、多层次、宽领域的开放格局，成为我国向西开放的重镇。新疆目前已有国家批准的开放县市 74 个、国家级经济技术开发区 2 个、国家级高新技术开发区 1 个和边境经济合作区 3 个，已同 70 多个国家和地区建立了经贸关系，随着新疆向西开放的地缘区位优势日益凸显，新疆在我国向西开放中的核心主导作用、桥头堡作用、经济走廊作用、示范作用、功能作用越来越受到重视。新疆在我国向西开放中的功能作用主要体现在服务中介功能方面，主要是指"三个区域"（商品和物资的集散区、能源矿产资源的整合区和制造业的后发区）以及"三个中心"（交通枢纽、服务业和文化交流中心）的服务功能。其中"能源矿产资源整合区"就涉及新疆能源资源中石油、天然气、煤炭以及煤炭清洁化项目中煤制烯烃、煤制乙二醇、煤炭分质利用、煤制天然气、煤制二甲醚、煤制气、煤制油、煤制芳烃、煤制甲醇等危化品生产，危化品从生产、储存到运输都有极高的要求，安全产业的发展是新疆经济发展的有力保障。

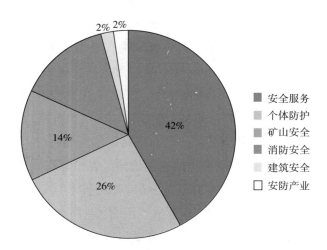

图12-1 新疆2016年安全产业基本情况调查企业分布

资料来源：赛迪智库整理，2017年2月。

二、产业园建设蓬勃发展

我国西部安全（应急）产业基地于2011年9月26日在重庆麻柳沿江开发区正式开工建设，这是我国西部地区第一个集安全产品的研发、制造、交易、物流、培训、演练于一体的安全（应急）产业基地，基地的建设将带动产值达数百亿的新兴产业集群。园区投资150亿元人民币，建成投入使用后年销售收入不低于300亿元，每年税收不低于15亿元，解决约35000人就业问题。到2015年，应急产业园将通过吸引国内外相关企事业单位入驻，形成产业集群，将搭建起集应急装备技术研发中心、成果孵化中心、职业教育培训学校等于一体的应急产业基地，营业收入达到300亿元，其中应急装备制造业工业总产值达到200亿元，以应急技术及产品展示、交易、使用等为主的现代服务业产值达到100亿元。到2020年，园区的总产值将达到1500亿元，打造成国内首个应急装备产业化基地和军工技术创新转化产业示范基地。

重庆消防安全产业园落户重庆市万盛经济技术开发区，是西部地区乃至全国首个以消防安全为主题的产业园，消防安全产业园规划总面积3000亩，总投资100亿元，园区分为制造与交易区、生产服务区，其中制造与交易区布局在万盛平山产业园区。规划占地面积2500亩，主要布局消防装备及零部件、器材制造企业、消防产品交易市场；生产服务区将结合万盛旅游资源和城市发展规划，按照"产城融合、景城一体"的理念进行布局，规划占地500亩。一期工程于2015年1月24日举行奠基仪式，占地总面积760亩，规划建筑面积50万平方米，总投资约22亿元，园区主要功能包括科技研发检测、生产制造、交易市场、实训培训等，是一个集消防、安防、应急救援设备生产、销售、研发、认证、检测、展示、培训于一体的专业化消防安全产业园区。园区目前已经签约了10家企业，其中有传统的军工企业、汽摩配套加工企业以及沿海生产消防器材的企业。

国家公共安全新疆应急产业基地总占地约27平方公里，基地分为航空板块、科研板块、产业板块、生态资源、教育板块、科技板块以及配套生活板块等7个板块，项目总投资约360亿元。新疆生产建设兵团12师与国内知名金融企业成立城投公司，共同承担国家公共安全应急产业基地的开发建设，众多企业的进驻不仅能提升12师的GDP产值、税收，还能增加就业机会，吸引高端产业移民，为新疆和平稳定和经济快速发展提供强有力的保障。新疆具有四通八达的交通网络和地大物博的独特属性，蕴含着无限发展潜力。面对全球日益复杂的反恐形势，在新疆建设国家公共安全应急产业基地已成为迫切的需求，1500公里的辐射范围势必在国际救援以及治安维稳中发挥极大的作用，是西部经济发展的助推器。

第三节　典型省份——陕西省

一、发展概况

陕西省是继江苏、安徽后的全国第三个、也是西部唯一一个创新型试点省份。2016年全省经济保持持续健康稳定发展，保持在合理区间运行，不断优化经济结构，发展不断提质增效，发展势头良好。全年生产总值完成1.9万亿元以上，同比增长7.6%左右，城镇新增就业人口达44.5万人，CPI控制在1.3%左右。近日，陕西省发改委公布的2016年重点建设项目显示：续建项目 182 个，总投资额 14877.77 亿元；新开工项目共 87 个，总投资额 3260.88 万元；前期项目共 142 个，总投资额 9509.58 万元。

作为国家"一带一路"倡议的起点，陕西省十分重视安全产业的发展，把培育和发展安全产业当作一项生命工程，始终把预防和消除安全生产隐患、提高全社会安全保障能力作为各项工作之首，除强调加强安全监管，其深知先进的安全技术装备才是安全的有力支撑。在巨大的市场需求的牵引下，在煤矿安全产品、消防安全产品、交通运输安全检测监控系统等领域发展势头愈发强劲，产品优势愈发显现，拥有一批核心技术和专利产品，一批市场开拓能力强、具有巨大潜力的安全产品制造企业顺势壮大。截至目前，全省与安全产业直接相关的制造企业达 753 家，实现收入 260 亿元。相伴而生的安全认证咨询及其配套服务企业亦成为陕西省安全产业新的增长点。

陕西省以能源矿产开发为主要工业支撑，尤其是矿业资源，围绕矿山瓦斯、顶板、水灾、火灾、粉尘、机电事故等六大灾害，以及矿山本质安全、紧急避险、矿山通信系统等矿山安全产品形成了一定规模和相对完整的产业链。目前，陕西西安已形成以消防安全产品、矿山安全产品、交通运输安全检测监管三大领域为主的产业链；宝鸡形成以消防车辆及消防配套设备、特种劳动防护用品、危化品仓储及运输检测传感器为主的产业链；榆林形成以矿用安全产品及其配套产品、特种防护服为主的产业链；渭南和铜川形成以矿用安全配套产品为主的产业链。截至 2016 年底，全省共有 220 家煤矿安全设备生产企业取得煤矿安标认证，居全国第 8 位，另有 17 家企业取得非煤矿认证。陕西消防设备制造企业数量位居全国第 16 位，其中自动灭火设备制造企业起步早、起点高，且在核电、军工等领域得到广泛应用；火灾报警产品种类全、技术含量高；高端消防产品（消防车、消防泵）行业企业数量虽少，但产值占比接近全省消防产品总值的 18%。陕西在危化品仓储运输、交通运输的安全监控系统、交通监管卫星导航与卫星服务方面具有先发优势，形成了交通安全监控与管理导航系统、各种安全探测传感器研发制造、终端电子地图、系统整体解决方案、车载位置运营法务等相对完整的监控定位应用产业链。

二、发展重点

持续加大研发投入。科技统计快报显示，2015 年陕西省研发经费投入共计 393.17 亿元，研发经费投入（研发经费与国内生产总值的比值）达到 2.18%，超出全国研发投入平均水平。陕西省"十二五"期间研发经费从 2010 年的 217.50 亿元，增加至 2015 年的 393.17 亿元，平均年增长 12.57%。按照研究与试验发展人员（全时工作量）计算，全省 2015 年人均经费支出为 42.45 万元，同比增加 4.69 万元。位居全国第 8 位。陕西省 2015 年规上工业企业研发经费投入强度为 0.88%，比上一年提高了 0.06 个百分点，其中装备制造业研发经费投入位居各产业之首。

龙头企业带动技术创新。矿山安全领域已形成围绕"安全技术及工程"国家重点学科、国家矿山救援技术研究中心、西部煤矿安全工程中心、国家安全生产勘探设备甲级检测检验中心为主的研发中心，以西安重装集团、中煤科工集团西安研究院、陕西斯达、西科测控、森兰科贸、航泰电气等一批在全国具有较强影响力的龙头企业。在消防安全领域，陕西银河公司是国内少数能够同时制造三类高端特种消防车的领军企业，西安航天泵业利用火箭发动机涡轮技术开发的多用途车载或船用高压高程消防泵达到了国际领先水平，西安盛赛尔是最早进入国内消防市场的专业生产火灾自动报警器产品的国内最大的火灾探测器外资生产商，陕西坚瑞消防是国内首家在 A 股上市的消防企业，西安康博电子是国内少有的几家提供工业消防与安全探测报警控制系列产品的企业之一，西安新竹是国内拥有专利最多的气体消防企业，拥有国家专利 300 多项。在交通运输安全监测监控领域，西安定华公司在危化品仓储与运输全过程安全防护方面国内领先，西安铁路信号有限责任公司的轨道交通信号安全控制系统设备、安全信息系统设备、信号基础系统设备、机车车辆电气控制系统设备、城规控制器材系统设备全国领先，航天科工西安华讯公司的高性能导航芯片、模块产品在国内市场占有率第一，北斗康鑫公司牵头多家公司联合建成的陕西北斗导航位置综合服务平台为跨区域、跨行业、全方位的位置服务打下了良好基础，陕西航天恒星已形成由软件组成的"飞邻"公共数据服务平台及其导航应用完整产业链条，已在我国地震应急救灾、林业安全、世博会车辆安全监控等方面获得广泛应用。

投资主体多元化。陕西省军工企业实力雄厚，在各个行业均起着行业先导、输送人才、高端技术开拓的作用，对陕西省安全产业链上下游企业的发展辐射带动作用显著。依赖陕西的军工企业的优势，已有更多民营企业向军事消防和军事运输安全领域进军，不少军工企业通过兼并收购具有良好市场前景和创新技术产品的民企来开拓民品市场，带动业内中小企业集聚打造专业性强的创新产品和细分市场。

向制造服务转型，加快产业优化升级。为保证安全产品制造企业的发展和收益，同时降低上游企业的成本和能耗，有实力的企业已经着手向后端服务转型——越来越多大型矿山安全产品制造企业开始建设井下设备及危险源在线安全监测联网平台；规模较大的消防设备制造企业也开始向价值链两端延伸，都拿到了住建部消防工程施工一、二级资质，实行产品制造与消防工程总承包"两手抓"；同时开展安全生产、安全检测、防灾减灾、应急救援等技术支撑服务和推广应用技术、工艺、产品的安全中介服务机构也加速培育，全面促进陕西省安全产业向中高端制造服务转型。

园 区 篇

第十三章　徐州安全科技产业园区

　　徐州安全科技产业园区，以徐州高新技术产业开发区为主要载体和依托。近年来，徐州高新区依据自身产业优势，积极推进协同创新，努力集聚安全企业，致力搭建平台载体，初步形成了矿山安全、消防安全、危化品安全、公共安全、居家安全为主导的产业体系。徐州高新区通过积极集聚国内外安全科技产业企业，孵化国内外安全科技前沿技术，成为国内著名的"中国安全谷"。其发展以绿色矿山为主要特点，按照"121"发展框架有条不紊地推进，同时以其独特的区位优势和广泛的市场需求为抓手，通过强化科技引导，政府和企业的综合管理，实现了安全产业的创新驱动发展。同时，也存在诸如本土优势挖掘不足、产业配套设施发展滞后以及对外开放有待深入等发展问题。

第一节　园区概况

　　徐州高新技术产业开发区前身是江苏省铜山经济开发区，成立于1992年，2012年8月19日，经国务院批准，徐州高新技术产业开发区升级为国家级高新区，成为苏北第一个国家级高新技术产业开发区。此后，徐州高新区依托中国矿业大学的安全科技研发优势和自身以矿山安全为主导的安全科技产业优势，与中国安全生产科学研究院联合建立了徐州安全科技产业园。安全科技产业是国家重点支持的战略性产业，也是徐州高新区致力打造的特色产业。近年来，徐州高新区依据自身产业优势，积极推进协同创新，努力集聚安全企业，致力搭建平台载体，初步形成了矿山安全、消防安全、危化品安全、公共安全、居家安全为主导的产业体系，得到了工信部、科技部、国家安监总局等国家部委和各级政府领导的高度认可和大力支持。

徐州高新区通过积极集聚国内外安全科技产业企业，孵化国内外安全科技前沿技术，成为了国内著名的"中国安全谷"，并最先在国内提出了"感知矿山"的概念，在全国第一个建立了感知矿山物联网研发中心和矿山物联网示范工程，被江苏省评为"江苏十大科技创新工程"。凭借着扎实的产业发展基础和优异的科技创新能力，徐州安全科技产业园区于2013年被工信部和国家安监总局批准为国家安全科技产业示范园区创建单位。

长三角经济发达地区先后进入工业化中后期，产业链正在持续延伸，加快发展产业集群、知识密集型、技术密集型和资本密集型为特征的产业，加速推进产业升级和产业结构调整的步伐，这些无疑为徐州市发展知识密集型、技术密集型和资本密集型的安全产业提供了历史机遇。我国在安全生产领域已连续十余年事故总起数和死亡人数双下降。煤矿事故在2016年起数和死亡人数同比分别下降29.3%和10%，百万吨死亡率0.156，同比下降3.7%，会同有关部门制定《煤炭行业落后产能认定标准》，2016年共关闭退出煤矿1900多处，其中，重庆346处、湖南315处、江西229处、四川169处、云南125处、湖北124处、贵州121处、河南100处，江苏关闭所有高瓦斯、突出矿井。这些成绩的取得，与近年来矿山安全生产技术的不断创新和发展有直接关系。

徐州国家安全科技产业园是高新区安全产业主要承载园区，相继获批国家火炬安全技术与装备特色产业基地、国家安全产业示范园区，江苏省政府更将徐州国家安全科技产业园建设纳入"十三五"重点产业项目支撑平台。国家安监总局和工信部授予徐州高新区安全科技产业园"国家安全产业示范园区创建单位"称号，并确定铜山成为全国性安全科技协同创新和国际安全学术交流会议永久会址，着力将铜山打造成为"全国安全科技研发及国际交流中心""全国安全装备生产制造中心""全国安全装备产品及技术交易中心"和"全国矿山安全应急救援指挥中心"。

2016年6月27日，徐州安全科技产业园中业慧谷项目开工奠基仪式圆满举行，中业慧谷集团作为专业的产业地产运营集团，徐州高新区采用PPP的合作模式共建园区，是适应时代发展趋势的创新之举，集团与科技产业园优势互补、资源共享、共建共赢，全力构建全国性的安全产业创新高地，为最终打造"中国安全谷"提供强大的产业载体支撑。

第二节 园区特色

一、以绿色矿山为特色，实现"121"框架

徐州以绿色矿山为主导产业，作为我国传统煤炭工业基地的徐州，协同中国矿业大学等高校科研资源，长期致力于安全矿山的生产建设，努力推动以矿山物联网为代表的矿山安全技术的创新研发。目前我国矿山安全生产形势十分严峻，特别是煤炭开采行业安全事故频发。2016 年，虽然我国煤矿安全生产百万吨事故死亡率仅为 0.156，同比下降了 3.7%，但仍高出美国产煤百万吨的死亡率 10 倍有余，其中一个非常重要的因素就是安全技术研发水平和安全产业发展水平严重落后。定位于研发矿山安全技术为主的徐州市国家安全科技园的建立，对提升我国安全科技产业水平，扩大安全科技产业规模，改善我国重要的安全生产短板——煤矿安全具有重要的现实意义。徐州国家安全科技产业园未来几年的战略，即重点发展领域采用"121"框架：以矿山安全 1 个产业领域为主体，以危化品安全和交通安全 2 个产业领域为羽翼，以安全服务为 1 个支撑。

表 13 - 1 徐州高新区具有代表性的安全科技企业

企业名称	具体行业	企业简介
徐工集团	装备制造	徐工集团是世界工程机械行业前 10 强，中国工程机械行业规模第一。
爱斯科（徐州）耐磨件有限公司	装备制造	世界 500 强企业。
五洋科技	安全科技	中国矿业大学教授创立的高科技上市企业；拥有自主研发、生产的五大系列专利产品，79 项国家专利，5 个软件著作权；承担国家自然科学基金等资助的 12 个科研项目。
中矿传动	安全科技	源于中国矿业大学的国家重点学科；同步电机变频调速系统等方面广泛应用于全国三十多个大型矿业集团公司。公司有 20 多项国家专利，获多项省部级科技进步奖和专业认证。

资料来源：徐州高新区，2016 年 11 月。

97

二、以独特的区位优势和广泛的市场需求为抓手

徐州处于东部沿海与中部地带，位于长三角经济圈与环渤海经济圈的接合部，在安全产业成长和安全产业市场等方面具有独特的区位优势。中东部地区拥有广泛的潜在的安全产业市场需求。内蒙古、山西、河南等地是我国重要的煤炭产区；东部地区相对来说是我国经济发达地区，工业生产规模宏大，尤其是化工、汽车等领域已经形成规模化的产业集聚；中东部地区经济社会的迅猛发展带动了建筑行业的快速发展；煤炭、化工、建筑都属于高危险行业，交通运输是我国安全生产事故数量和死亡人数最多的领域。这些行业都是巨大的潜在安全生产市场，地处国内广阔的安全产业市场腹地的徐州安全产业园区具有得天独厚的优势，这为徐州市快速发展安全产业、提高产业竞争力提供了难得机遇。

三、强化科技引导，实现创新驱动

徐州将安全科技产业园区建在高新区内，以"国家安全科技产业园"命名，足以体现科技在园区内的突出地位。园区科技优势集聚，政产学研紧密结合。中国矿业大学和中国安全生产科学研究院在安全技术，尤其是在矿山、危化品等领域的安全技术方面具有雄厚的研发实力，是徐州发展安全科技产业的重要力量支撑。

徐州以区域丰富的科研资源和技术研发实力为依托，对科研成果加以实践转化，在力量所及的范围内实现产业化发展。这种发展模式得益于高端智力资源，所生产的产品附加值高，对技术工艺、人才素质都有较高要求，技术成果产业化生产也具有较高的投资风险。因此，产业园区多集中在科研实力雄厚的区域。

四、政府和企业综合管理

"政府搭台，企业唱戏"是产业园区政企携手合作的模式，园区管理对产业园的长期发展至关重要。徐州产业园区发展初期，由政府牵头负责园区产

业园的规划、建设、招商引资、宣传以及入园企业筛选准入工作；产业园区再结合企业管理体制带来的市场化优势，推动落实产业基地的初期建设；产业园区具有一定规模后，政府管理逐步退出，仅负责产业园区的生产秩序和园区内公共设施等工作。园区主要是以企业化发展模式为主，通过市场运作推动园区内企业的发展，从而促进徐州安全科技产业的快速发展。

第三节　存在的问题

一、本土优势的发挥有待提高

因地制宜，发挥本土优势，是安全科技产业布局规划最核心最基本的原则。但安全产业各园区规划在考虑做大做强园区产业规模的对策建议时，加大招商引资力度成为共识。规划强调了引进国外的龙头企业，忽略了徐工集团这样的我国工程机械领域领先的本土企业，徐工集团生产的大型起重机、挖掘机、破障机等本身就是应急抢险救援工程机械。另外，徐州市的安全科技产业主要集中在高新区内，徐州天地重型机械制造有限公司、肯纳金属（徐州）有限公司、爱斯科（徐州）耐磨件有限公司和徐州良羽科技有限公司是国内产值规模最大的企业，目前这四家企业产值分别达到5.8亿元、4.8亿元、3.6亿元和2.8亿元。这些企业生产的安全产品种类繁多，技术先进，足以满足园区内安全产业多领域短期内发展的要求。

二、产业配套设施严重不足

安全产业园区并没有建立起相互关联、相互依存、相互支援的专业化分工协作产业体系，统一规划严重不足。2009年起，徐州安全科技产业园进行了园区内的规划和建设，但是仅仅实现了一些企业和机构在地理上的集中，而彼此间的产业和技术关联、产业发展配套、产业集群尚未形成；首先，以安全产业为主的园区缺乏专门配套的辅助生产，例如分析检测设施、水电气供给、物流运输、产品包装、仓储等，也缺乏与之配套的生活服务设施，如标准化工厂、食堂和宿舍等。其次，配套体系有待完善。徐州安全科技产业园在部分领域有着丰富的科研队伍和良好的研发基础，在产业链上游的研发环节具有明显优势，但在投融资、技术孵化、检验检测、市场营销和安全服务等领域，尤其是促进研发成果转化、推动产品市场化的产业服务领域，缺乏强大的产业支撑，导致大量的研发成果只有少数得以转化投入生产；使得一些适合社会实际需求、技术先进的产品在市场开拓方面进展迟缓，阻碍了产业规模进一步扩大。

三、对外开放有待深入

目前，徐州安全科技产业园在矿山安全、交通安全、危化品安全、应急救援等安全产业的诸多领域技术水平和创新能力与世界先进水平仍存在很大差距。加强对外合作是徐州安全产业发展中十分紧迫的任务。在安全产业市场方面，徐州安全科技产业园的产品只能面向国内市场，在国际市场缺少具有影响力的产品，无法参与国际市场的竞争；在创新资源方面，徐州现有的安全产业创新人才和创新平台源于国内，现有的产业集群尚无国外企业，无论是人员、技术，还是信息、资金等，徐州安全科技产业园与国外相关机构的合作必须得到加强。

第十四章 中国北方安全（应急）智能装备产业园

营口市是沈阳和大连之间的港口城市，东北亚经济圈和环渤海经济圈的核心区域。伴随着东北振兴、沿海开放战略的深入实施，营口地区生产总值跃居辽宁省第四位。近年来，营口市大力推进安全（应急）装备产业发展，将此作为新兴产业给予大力支持，经过重点打造和培育，形成了一定产业基础。位于营口高新区的中国北方安全（应急）智能装备产业园围绕高科技和新产品的核心，重点发展先进智能化装备制造业、安全新材料产业以及科技和信息技术服务业等"2＋1"产业。到目前，基本形成了以安全（应急）智能装备制造业为支撑，以安全监测预警和应急救援为技术方向，以安全新材料产业为特色，以矿山安全和危险化学品安全为重点的安全产业新格局。园区拟通过积极培育优势企业，加快推进产业集聚，强化园区支撑体系建设，实现2020年产值达到1000亿元，企业数量超过100家，成长为全国知名的安全产业园区。

第一节　园区概况

坐落于营口高新区的中国北方安全（应急）智能装备产业园，规划面积15.7平方公里，在园区内规划建设技术研发、检测检验、教育实训、展览展示、贸易物流、投融资等公共服务类项目及数字化智能产品孵化项目；在（营口）沿海产业基地集中建设生产制造类项目，完成分区建设、协调推进、统一规划的安全装备产业园空间布局。

园区以科技创新为引领，集聚高端研发创新资源，培育产业核心竞争力；优化产业结构，加大行业龙头企业打造力度；以智能安全（应急）装备为特色，实现构建"科技创新示范区、新兴产业先行区、对外开放先导区和高端人才集聚区"的总体目标。目前新一轮转型升级和创新发展工作正逐步深入，营口市委、市政府一直以来致力于安全产业的发展，将安全装备产业提升到新兴战略产业的高度给予重点支持和培育，形成了安全装备产业利好发展的基础。全市目前拥有安全装备相关企业约92家，与20余家大专院校、科研单位建立了产学研合作关系，设立了3个院士工作站，推出8个门类安全（应急）产品共100多个品种，产值规模超过100亿元，初步形成了以矿山安全装备和智能系统为主体、以应急救援工程机械为配套的安全装备产业体系；基本达成了以营口高新区为主要承载区、布局重点园区的安全装备产业发展格局的目标。营口高新区将下一步工作重点放在抓好园区内现有龙头企业的拓展与升级，以矿山探险、防险、避险、救险安全装备产品及信息系统等为抓手，以危险化学品、道路交通运输、建筑设施、海上作业平台、职业健康等安全装备产品为保障，并在金属非金属矿山、危险化学品2个行业领域开展了"机械化换人、自动化减人"试点工作。瞄准国内外大企业、大项目全面做好招商与服务落实，实现安全装备产业质的飞跃，力争有更大的突破。

按照营口高新区安全装备产业发展规划蓝图，园区已形成以安全装备和智能系统为主体，以科技研发、成果孵化为带动，以应急救援工程机械和安全领域应用新材料等为配套的安全产业体系。2016年营口高新区安全装备产业实现了100亿—150亿元的产能规模；预计园区到2020年将有100家安全产业企业、30家研发机构入驻，初步形成以贸易集散和物流仓储为主的服务链条，到2020年安全装备产业年产值力争突破1000亿元。

第二节　园区特色

一、园区服务体系日趋完善

2016年，营口市委、市政府狠抓"科技创新驱动发展、产业基地发展建设计划项目"落实，大力推进大众创业创新构想落地开花，激活高新园区内在发展活力，确保经济社会发展任务得以顺利完成。加快园区建设是辽宁沿海经济发展战略的重要内容，是营口率先崛起的必要保障，是实现港城联动的强力支撑，更是促进营口市经济发展的重要抓手。因此近年来高新区充分发挥在全市经济发展中的领跑作用，把工业园区、服务业集聚区、产业集群等产业项目承载区建设列为重中之重，激活港口、城市、园区与产业之间的联动效应，生产要素配置更趋合理，着力推进产业规模发展，呈现出园区出形象、项目见效益的局面。通过精准调整经济结构，提高增长质量，最终经济总量得以提升，营口的各项经济指标跻身全省前列。营口市的项目总量以及投资规模均创历史新高，项目的质量更趋优良，土地利用率更趋合理，产业结构调整更趋理性。

高新区作为营口市经济社会发展的"桥头堡"的地位愈加凸显，目前园区产业聚集、品牌效应、创新竞争均日新月异，"坚持一个目标、突出两大任务、打造三大载体、推进四个园区建设、强化五项保障措施"目标的实现指日可待。2016年，高新区围绕科技地产做好孵化器二期项目，完成创新载体建设。规划新建孵化器面积4.7万平方米，完成投资1.6亿元任务。通过商贸、物流、金融、保险、电商、文化创意等服务业等项目，形成园区现代服务业集聚，以此扩大经济总量；以种子基金、创新发展基金、担保公司、小额贷款公司等为支撑，完善创新创业金融服务功能，以此为生产力的开发、科技项目成果的转移转化、院士工作站点的建设等的助力和后盾，构筑园区独具特色的创新服务体系。在推进四个"园中园"和"园外园"建设中，园区大力扶持壮大卓异创新产业园，实施中国矿业大学科技研发与新兴产业孵化园建设规划，全力打造国家智能安全装备产业园以及数字化智慧城市产业园区。进一步优化融资和财税等要素资源配置，为基础设施建设提供雄厚资金保障；进一步完善园区土地整理及服务工作，使土地得以充分利用，为后续入驻的新项目提供有力支持。

二、龙头企业辐射领跑作用凸显

园区致力于提高科技水平，大量引进创新项目，使"存量得以提升"和"增量得以扩张"，高端装备制造产业集群壮大发展。以辽宁卓异装备有限公司、营口安诺德机电设备有限公司、德国马勒发动机零部件、辽宁中集车辆、辽宁德马重工为代表的重点骨干企业群体得到快速发展，初步形成以高端数控机床制造、特种汽车及零部件制造和智能安全等高端装备制造为主的产业集群。其中辽宁卓异装备有限公司的矿用移动式井下救生舱是国内技术领先产品，年均销售5亿元，名列国内同行业榜首；营口安诺德机电设备有限公司的铅酸蓄电池装备填补了国内空白，实现了铅酸蓄电池环保清洁生产；营口瑞华科技的"矿山（无线）智能应急救援支撑系统"获得国家专利，达到世界先进水平；由国家"千人计划"专家领军的大方科技（营口）有限公司光谱吸收式甲烷传感器采用国际先进的可调谐激光检测技术，革新电测量技术，推进新一代技术产业化发展。打造以"应急""智能"为鲜明特色，中期百亿、远期千亿产值的国家级示范园区，为高端装备制造产业集群跨越式发展建立更大的平台是营口高新产业园区今后的工作重点。

新材料产业集聚了以辽宁鸿盛环境技术集团（营口洪源玻纤科技有限公司、辽宁金氟龙新材料有限公司）、辽宁卓异新材料有限公司、中微光电子（营口）有限公司等骨干企业，以碳化硅八个延伸产业链、哈工大金属基复合材料、LED节能照明材料及光通信系列、聚四氟乙烯薄膜和纤维制品、微米超细纤维、海园不锈钢复合材料等为发展重点。其中金氟龙新材料公司是国内唯一的全工艺聚四氟乙烯薄膜生产企业；亿峰实业集团的纳米级金属复合导线与纳米圆薄片技术行业领先。新材料产业多为近两年新建项目，因其科技含量高，有广阔的市场，极具成长扩张能力。

以"万户云集、百亿产值"为行动目标的数字化产业基地暨"智慧城市"产业园建设项目，从一启动就吸引了北方物联网、三浦灵狐暨菲力猫动漫影视与电子商务、中微光通信、北斗云天导航产品、永星科技服务外包等项目的加入；其中赛克动漫和瑞华公司与卓异公司的矿山智能通信及监控预警等项目已日趋成熟。一批行业内影响力较大的软件服务外包项目也正在积极洽谈推进中，数字化产业群体初步形成。高新区以"园中园"模式，力促卓异创新产业园、川大科技产业园、中国矿大科技孵化产业园、美国TIETEK集团环保新材料产业园4个创新产业园不断扩大产业规模，以特色产业集群的形式向整个行业辐射影响。

三、安全（应急）智能装备产业远景广阔

2015 年以来，智能装备产业受到前所未有的重视，《中国制造 2025》与 "互联网＋"行动计划，重点部署智能制造产业，提出大力发展智能制造，开展智能制造试点示范工作，推进智能制造重大工程等。中德智能制造和"工业 4.0"合作进入实际性阶段，经常性工作机制步入正轨。智能工厂、数字化车间、增材制造技术应用、大规模个性化定制、网络协同开发、在线监测、远程诊断与云服务等智能制造的新业态新模式快速发展，工业机器人、服务机器人、新型传感器、智能仪器仪表及控制系统、可穿戴智能设备、智能家电、智能电网等智能装备和产品的应用不断开发拓展，市场需求规模呈快速增长态势。

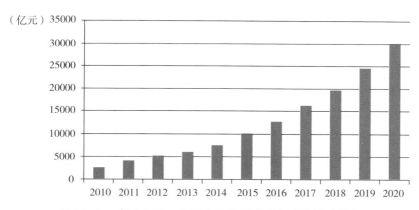

图 14－1　中国 2010—2020 年智能制造装备产业增长趋势

资料来源：营口高新区，2017 年 2 月。

"十三五"将智能制造提高到新的高度，2016 年随着各领域智能制造推进路线进一步明确，中德合作关系进一步加深，国家将重点构建开放、共享、协作的智能制造产业生态，大力推动生产装备智能化升级、工艺流程优化改造、基础数据全方位共享、关键智能装备和产品、核心部件不断突破，积极促进新一代信息通信技术、高端装备、节能与新能源汽车、电力装备、农机装备、新材料、生物医药、高性能医疗器械等产业不断发展壮大，进而形成新型制造体系。进一步依托智能制造创新产业业态和发展模式，培育行业新的增长点。以应对国内外市场对智能装备需求的变化，促使装备制造业不断转型升级，高端智能装备发展取得明显成效，高端智能装备制造业产值占装

备制造业比重逐步提高。为构建我国高端智能制造业竞争新优势、成为制造强国奠定更为扎实的基础。

第三节 存在的问题

一、加大政策支持力度

如果没有利好的政策环境，就不会吸引到项目，就失去对企业的推动力，园区就不可能健康发展，要想园区发展壮大，就必须打造一流的政策环境。

国家和地方政府为扶持项目建设和企业发展出台了一系列政策，园区要加大对政策的宣传、研究、落实力度，对企业有针对性地进行辅导培训，帮助企业深入了解政策、吃透政策，结合企业自身条件用活用足政策。园区要针对相关政策完善与之配套的各项政策，如保护和吸引人才的政策、鼓励民间资本合理投资流动等，使各项政策真正为企业带来红利。同时推进政策创新。园区要按照"非禁即准"的原则，结合自身发展实际，研究制定具有突破性的、具有园区发展特色的优惠政策，充分调动发挥企业和各类人才的作用，激发他们自主创新创业热情，使园区真正成为吸引项目、资金、人才、技术和更适宜创业的"宝地"。

二、规范市场环境，搭建服务平台

园区要全力保护企业的合法权益；杜绝以各种名目影响企业生产的随意检查、重复检查和多头检查。对各类企业要一视同仁，必须做到企业和企业间权利平等、机会平等、规划平等，公平参与市场竞争，确保市场配置资源的决定性作用得以充分发展。

园区建设要强化安全生产中企业的主体地位，园区搭建服务平台，确保为企业在健全安全生产制度、开展安全生产培训、强化安全生产管理等方面提供切实可行的指导、服务，定期开展事故隐患排查和安全生产检查，重视利用先进技术加强安全事故的防范工作。

第十五章 合肥公共安全产业园区

作为我国首批国家级安全产业示范园区创建单位，合肥高新区近年来大力发展安全产业，目前安全产业已成为园区第二大产业。园区发展迅速，特色明显：第一，合肥高新区安全产业细分领域发展全面，目前合肥高新区安全产业园区共有企业247家，从业人员1.8万人，形成了反恐安全、信息安全、交通安全、防灾减灾和食品安全五大重点领域。第二，园区工作举措支撑作用明显，高新区管委会从强化组织保障、政策扶持、完善要素支持和创新工作机制等四方面为产业园区建设进行了大量工作，取得了一定成效。第三，合肥高新区大量推进人才引进和创新项目，创新发展成为高新区发展常态。第四，随着高新区安全产业的快速发展，龙头企业纷纷涌现，产业集聚成效显著。第五，高新区公共服务平台丰富，科技服务机构随产业快速发展大批涌现，为科研成果转化提供了有效助力。目前高新区仍面临三大问题：其一，安全产业发展仍需要国家的进一步关怀和统一规划；其二，产业集群外部联动需要深化，以促进其他地区安全产业与上下游产业的共同发展；其三，安全产业结构需要持续优化，产业的快速发展应以企业质量而非数量为前提。

第一节 园区概况

我国安全产业发展迅速，从2010年我国发布国发23号文，首次从国家层面提出安全产业的概念和培育安全产业的要求以来，经过5年的投资建设，据统计，2015年我国安全产业规模已超过4000亿元，安全产业企业超过2000家，其中制造业生产企业占比约60%，服务业企业占比约40%，安全产业进入快速发展阶段。合肥市抓住安全产业快速发展机遇，积极发展公共安全产业，安全产业总产值从 2008 年全市的 105 亿元快速发展到 2016 年仅合肥高新区的安全产业总收入即达 428 亿元，全市公共安全产业规模提升四倍以上，产业发展迅速。作为安全产业发展聚集区，合肥高新区以其优异的发展态势受到了国家的重点关注。2013 年底，公共安全产业已成为合肥高新区第二大产业，实现营业收入 207.9 亿元。2015 年 12 月，国家安全生产监管总局、工业和信息化部正式批复同意合肥高新区创建国家安全产业示范园区，合肥高新区凭借长期以来安全产业发展的优秀成绩，成为我国首批国家级安全产业示范园区创建单位。

合肥高新区于 1991 年成为首批国家级高新区，1997 年成为了中国—亚太经合组织科技工业园区，并于 2003 年、2008 年两度被评为"先进国家高新技术产业开发区"，2016 年在国家高新区综合评价中位居第 7 位，是我国首批双创示范基地和应急产业基地。高新区规划用地 104 平方公里，实际管辖面积 128.32 平方公里，全区分为五部分，其中重点发展区占地面积 39.75 平方公里，主要发展智能语音、集成电路和生物医药等；南岗科技园占地 20.22 平方公里，主要为汽车及配套设备制造业和先进制造业等；建成区占地面积 14.12 平方公里，主要发展新一代信息技术和生物医药等；柏堰科技园占地 9.24 平方公里，主要发展智能家电；示范区位于中心，占地 35.8 平方公里，主要发展新一代信息技术、文化创意产业、安全产业、生物医药、新能源技术及产品等。合肥高新区安全产业园区由孵化园、产业园两个部分组成，其中孵化园位于示范区，面积 800 亩；产业园位于重点发展区，占地面积 2500 亩。合肥安全产业园区以"领军企业——重大项目——产业链——产业集群——产业基地"为发展思路，借助有利地理区位快速发展，依靠龙头企业和项目资金支持，围绕国家公共安全需求，带动公共安全产业快速有序发展。合肥高新区作为安徽省最大的安全产业集聚基地，营业收入达到 428 亿元，占全省的 65%，全市的 90% 以上，高新区安全产业复合增长率达 31.8%，产业在安徽省内的龙头带动效应明显，为地方经济发展和全国公共安全产业人才的就业和培养作出了突出贡献。

第二节　园区特色

一、安全产业细分领域发展全面

经过多年发展，合肥高新区安全产业已覆盖突发事件处置的四大核心环节和安全产业五大重点领域。目前合肥高新区安全产业园区共有企业 247 家，从业人员 1.8 万人。为全面发挥公共安全产业保障作用，为突发事件的预防与应急准备、监测与预警、应急处置与救援、事后恢复与重建等应对活动提供产品、技术及服务保障，园区以信息技术的应用与创新为核心，形成了有四大核心环节的产业链条：预防防护、监测预警、处置救援及安全服务。在细分领域上，合肥高新区公共安全产业园区在原有的交通安全产业集群、矿山安全产业集群、火灾安全产业集群、电力安全产业集群和信息安全产业集群等五大安全产业集群的基础上，进行了整合式突破发展，形成了反恐安全、信息安全、交通安全、防灾减灾和食品安全五大重点领域。公共安全产业细分领域众多，按照突发事件应对全周期进行产业链条发展，能够有效提高产业园区细分行业覆盖密度，有利于吸引、整合各细分领域内的安全产业人才及技术，有利于日后安全产业的统一规划和园区安全产业的一体化发展。

二、园区工作举措支撑作用明显

合肥高新区政府为给安全产业发展提供良好发展环境，引导产业科学有序快速发展，为产业提供财政和基础建设支持，从强化组织保障、政策扶持、完善要素支持和创新工作机制等四方面进行产业园区建设管理工作，取得了一定的成效。

在强化组织保障方面，合肥高新区管委会办公室成立了合肥高新区应急安全产业发展工作领导小组，以建立完善的部门工作协商机制，对高新区应急安全产业发展工作进行统筹规划和统一管理；同时广集人才聘请专家，成立了安全产业专家咨询委员会，建立了定期研讨机制，以安全产业为对象，定期研究产业发展重大问题，评估产业创新成果，同时加快推广示范应用。

在政策扶持方面，高新区积极协助重点企业向国家部委争取重大专项支持，争取了安徽省战略新产业基地政策支持，制定了高新区加快安全产业发展专项政策，落实了国家向全国推广的中关村6条先行先试政策。根据《关于印发合肥高新区2015年扶持产业发展"2+2"政策体系的通知》（合高管〔2015〕137号）文件要求，完善、兑现了对安全产业的重点扶持政策。此外，高新区年投入1.6亿元支持"双创"企业，最终2016年全年区内安全产业企业共获得政策支持1.5亿元。

在完善要素支持上，园区从四个方面为产业发展提供了支持。从基础建设上，园区不断完善基础设施建设，提升园区综合承载力，同时积极建设科技新城，满足人才宜居宜业需求；从创新招商上，园区成立了安全产业招商工作小组，针对国内外核心招商区域实施全员招商；在金融支持上，园区设立了2亿元的安全产业投资基金，开发了专项金融产品以积极发挥政府的引导作用；在人才引进上，园区完善了人才"双创"机制，发挥品牌优势加快引进全球高层次人才，取得了一定的成效。

在创新机制上，园区采用了信息化管理系统，对安全产业宏观运行数据进行监控与分析；为解决安全产业园区的发展问题，实施会议调度、问题派单、实地督查等定期调度措施；实施定期报告制度和专项检查制度，将安全产业园区任务分解落实到各职能部门，并列入了年度考核计划；采用动态管理方式，完善项目管理制度，对重大安全产业项目进行了跟踪问效，对安全产业项目库进行了动态管理。

三、创新发展成为高新区发展常态

合肥高新区以人才为核心、项目为基础，大力推进人才引进和项目创新。目前高新区从事安全产业关键技术研究的院士共6人，区内安全产业现有高层次创新人才16人，领军人才25人，占全省的75%。在高层次创新人才领导下，高新区项目立项及完成情况喜人。目前合肥高新区共有重点项目163个，总投资约880亿元，园区共获得省部级以上奖项325个。2016年园区完成各类科技成果转化200项，其中重大技术成果8项；新认定的高新技术产品、软件产品、创新产品和重点新产品 50 项,其中获省级以上认定的产品 6 项;企业新申请专利 183 项,其中新增发明专利授权 50 余项。新获国家及省级科学奖励 3 项,其中中国科学技术大学量子信息实验室获得国家自然科学一等奖;新主持、参与制(修)订国家/行业标准累计达 27 项(国家标准 18 项,行业标准 9 项);新增安全产业领域高新技术企业 35 家。2016 年园区在建项目 43 个,总投资 207.85 亿元;已完工项目 36 个,总投资约 75 亿元;2017 年开工项目 53 个,总投资 288.88 亿元;谋划项目 67 个,总投资 385 亿元。2016 年园区进行的主要重点创新发展项目见表 15-1。

表 15-1　合肥高新区部分重点创新发展项目

序号	项目名称	项目投资(亿元)	预期收益	建设单位/主体	主要内容
1	国家量子信息实验室及量子通信产业园	400	年收益 150 亿元	中国科学技术大学量子通信潘建伟团队	国家"十三五"百大工程第 3 项,是安全产业信息安全领域主体项目
2	天地一体化网络平台及产业园	80	年收益 40 亿元	中电 38 所	国家"十三五"百大工程第 9 项,是空天领域安全产业快速集聚发展重要工程
3	新华三集团安全产品基地项目	20	销售收入 100 亿元,税收 6 亿元	新华三集团	打造大安全产品及解决方案的全球研发及销售中心
4	博微公共安全产业园一期项目	17.02	销售收入 100 亿元,利税 11.19 亿元	中电 38 所	全面满足 5—10 年内综合预警类产品市场应用需求
5	超导核聚变中心项目	38	国际化科研中心	中科院等离子体物理研究所	研发清洁、安全、高效的新能源装备
6	装备智能服务系列产品项目	3	产值 2 亿元,税收 0.2 亿元	容知日新	建设工业设备远程智能维护服务平台
7	城市安全预警系统	5	销售收入 5.2 亿元,利税 0.46 亿元	四创电子	形成可复制、可推广的城市安全预防防护运营模式
8	年产 6000 台/套中新金盾网络安全防护产品产业化项目	2.2	销售收入 8.7 亿元,利税 1.1 亿元	中新软件	面向五年内信息安全需求,为"互联网+"提供安全防护服务

续表

序号	项目名称	项目投资（亿元）	预期收益	建设单位/主体	主要内容
9	远程气象空管雷达项目	2.8	销售收入 12 亿元，利税 0.82 亿元	四创电子	转化高端军用雷达技术，满足民用安全预警、应急救援需求
10	全自主飞行空中机器人关键技术研发项目	2.8	销售收入 8 亿元，利税 1.5 亿元	赛为智能	重点满足城市、海洋、森林等区域安全常态化监测服务

资料来源：赛迪智库整理，2017 年 1 月。

四、龙头企业引领产业集聚成效浮现

随着合肥高新区的快速发展，园区涌现了一批龙头企业，产业集聚成效逐渐浮现。截至 2017 年 1 月，产业园共有企业 247 家，2016 年共新增 27 家。高新区通过区内培养和外部招商两大举措培养引进龙头企业，目前区内培养企业有中电 38 所、工大高科、量子通信、科大立安、三联交通、四创电子、科力信息、皖化电机、联合安全、科大智能、继远电网、中兴软件、皖通科技等；外部招商企业有新华三集团、赛为智能、泽众安全、兆尹安联、成威消防、恒大江海、中科瀚海、芯核防务、中电 16 所、倍豪装备、容知日新等。在龙头企业引导下，2016 年全区安全产业实现营业收入 428 亿元、利润 28 亿元、税收 19.3 亿元，营业收入复合增长率达到 31.8%。

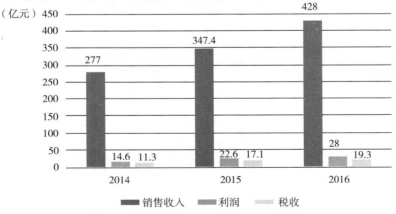

图 15 - 1　2014—2016 年高新区安全产业营业收入

资料来源：赛迪智库整理，2017 年 1 月。

五、高新区公共服务平台助力成果转化

为保持高新区研发优势、为区内科技成果转化提供保障，高新区科技服务机构大批涌现。目前高新区已有各类科技服务机构 320 家，占全市 53%，从业人员 1.2 万人；2015 年，高新区被科技部批准为全国首批科技服务业试点区域。高新区从技术转移、创业孵化、研发设计、检验检测、知识产权和科技中介等六个角度入手，为企业提供技术转移和宣传服务、科技成果落地、产品质量验证和知识产权服务等技术、法律和宣传服务。

表 15－2　合肥高新区公共服务平台列表

服务类型	代表性机构
技术转移	安徽省科技成果转化服务中心、中科院合肥技术转移中心、中科大技术转移中心、合工大技术转移中心
创业孵化	大学科技园、民营科技园、高新创业园
研发设计	中科大先进技术研究院、合工大智能制造研究院、中科院合肥技术创新工程院、合肥集成电路设计服务中心、国家专用集成电路设计工程技术研究中心合肥分中心、循环经济工程研究院、安徽省应用技术研究院、动漫基地公共渲染平台
检验检测	国家家电检测中心、安徽省公共检测服务中心、微电子测试平台、安徽省信息安全测评中心、安徽省电子信息产品质量与可靠性公共服务平台
知识产权	知识产权法院、诚兴知识产权代理、天明专利事务所、汇众知识产权管理公司
科技中介	安徽省生产力促进中心、中技所合肥工作站

资料来源：赛迪智库整理，2017 年 1 月。

第三节　存在的问题

一、安全产业发展仍需统一规划

合肥高新区安全产业发展形势良好，但囿于公共安全产业自身特点，长期发展方向仍需国家进一步规划。作为为保障人民正常生活生产活动不受影响的安全保障活动提供技术、产品和服务的产业，安全产业的保障作用决定

了产业发展的目的性，保障作用的主体作用使安全产业与逐利型产业的发展特点和发展需求存在本质区别。安全产业可以应需而变、依靠市场需求调整产业发展方向，但市场体现自身需求的滞后性会导致产业自身发展结构相对滞后，在逐利型产业中会导致盈利减少，在安全产业发展中则还会导致安全保障能力滞后，无法完全满足人民生产生活需求，保障能力的不足也不利于被保障产业的安全发展。同时，安全产业集群的发展目的是为国家提供安全保障，地区安全产业发展和政策制定受到信息和视野局限，难以顾及全国安全需求，不利于安全产业的壮大。为此，安全产业仍需国家的继续重视引导，进行长期发展规划，指导各地安全产业分工及协同发展。

二、产业集群外部联动需要深化

当前合肥高新区公共安全产业园区外部联动方式主要包括招商引资、技术引进和技术交流等，产业层面的外部联动工作还有待加强。安全产业集群的外部联动，包括与我国其他地区或国外安全产业集群的人才、技术、管理方式及产品链条等的交流，也包括与其他产业集群间的联动。安全产业集群间的联动，有助于产业园区保障产业发展能力的提高，有利于产业集群明确自身发展态势、依据地域优势分工发展，有利于产业集群功能的协调化和人才、技术交流的常态化，有利于产业发展向国际化靠拢。安全产业集群与其他产业集群进行联动，有利于安全产业集群明确其他产业的安全需求、开拓安全市场，有利于产业链上下游供应商、技术及人才的交流和引进。安全产业作为国家重点支持的战略产业，产业集群间不应是孤立的，而应当是紧密联系、共同发展的。安全产业集群外部联动不但需要政府统一协调，也与集群企业对产业联动的认识程度和主动意识密切相关。

三、产业结构需持续优化

安全产业是合肥高新区的第二大产业，产业规模预计在 2020 年将突破 600 亿元，距离成为合肥市第七个千亿产业还有相当距离。目前我国安全产业总体还存在低附加值产能较大、高附加值产能偏低的情况，高新区促进安全产业快速发展、快速扩大安全产业规模不能牺牲产业结构。以合肥高新区

2017—2020 年工业产值预期目标发展态势（见表 15 - 3）为例，产值利润率下降趋势有所显现。产值利润率作为衡量综合生产效率的参数，能够反映产业的发展质量。产值利润率的升高，标志着产业结构的越发合理和综合生产效率的不断提高，合肥高新区在大力提高园区工业产值的同时，短期内降低产值利润率有利于资本的快速涌入，但同时也为产业结构的长期优化埋下了隐患。当前合肥市安全产业总体规模仍然偏小，合肥高新区作为首批国家级安全产业示范园区创建单位，应当有能力在不断扩大安全产业规模的同时，不断优化、完善园区安全产业结构，以科学严谨的发展方式成为我国安全产业发展的排头兵。

表 15 - 3　合肥高新区 2017—2020 年工业产值目标

类别	目标值			
年份	2017	2018	2019	2020
利润（亿元）	310	390	490	600
税收（亿元）	42	51	62	75
产值利润率	13.5%	13.1%	12.7%	12.5%

资料来源：赛迪智库整理，2017 年 1 月。

第十六章　济宁安全产业示范基地

济宁高新技术产业开发区，是集国家科技创新服务体系、创新型产业集群、战略性新兴产业知识产权集群于一体的园区，也是继徐州、合肥、营口之后全国第 4 家、山东唯——个获批"国家安全产业示范园区创建单位"的开发区。近年来，依托济宁市煤炭生产基地和工程机械产业基地的优势，济宁高新区聚集了巴斯夫、浩珂、科大机电、高科股份、拓新电器、中煤操车等矿用安全产品和设备生产企业，英特力光通信、塞瓦特等应急通信企业，激光研究所、广安科技、济宁国翔等物联网应用企业，为济宁高新区的安全产业发展奠定了一定基础。据济宁高新区初步统计，高新区内安全产业相关企业 40 余家，2014 年销售收入 40 多亿元。园区发展呈现三大特色：以应急救援工程装备和信息服务为主的产业体系、科技创新平台体系较为完整、丰富的专业人才资源和服务平台。园区发展仍存在产业规模相对有限，产业体系有待完善；企业之间关联不强，集聚效应尚未发挥；高端专业人才不足，服务体系有待优化等问题。

第一节　园区概况

济宁高新区位于济宁市区东部，创建于 1992 年，2010 年经国务院批准升级为国家高新区，人口 25 万，面积 255 平方公里，辖 5 个街道，是国家科技创新服务体系、创新型产业集群、战略性新兴产业知识产权集群"三大创新试点"的高新区，也是山东省科技金融试点、人才管理改革试验区。2014 年，济宁高新区实现营业总收入 2155 亿元，地区生产总值 493 亿元，规模工业总产值 1110 亿元，公共财政预算收入 38.4 亿元，税收收入 30.6 亿元，固定资产投资 260 亿元，实际利用外资 2.2 亿美元，总量保持全市第一。主要指标均居山东省国家高新区前三位，经济总量在全国国家高新区列第 24 位。据初步统计，高新区内安全产业相关企业 40 余家，销售收入 40 多亿元。

产业基础雄厚。装备制造、光电信息、生物医药、纺织新材料、现代服务业是济宁高新区的 5 大主导产业，现已建成光电信息、工程机械、纺织新材料、生物技术等 4 个国家级特色产业基地和国家北斗产业化应用示范基地，惠普、甲骨文、IBM、小松、巴斯夫、台湾联电、华为等世界 500 强企业落地投资，如意科技、山推股份、英特力光通信、泰丰液压、浩珂矿业、辰欣药业等一批骨干企业居全国同行业前列。

人力资源丰富。目前济宁高新区人才总量 6.7 万人，每年高新区引进的硕士以上高层次人才占全市的 70% 左右。济宁大学园引进山东大学、复旦大学等一批名校资源，惠普、甲骨文等实训中心每年培训 3000—10000 名 IT 专业人员，57 所职业院校在校专业技术人才 16 万人，产业工人训练有素、吃苦耐劳、忠诚守信。

公共平台完善。建有国家级创业中心、国家级生产力促进中心、产学研用基地等创新载体，17 个行业公共技术平台开放运营，建成 3 家国家科技企业孵化器，各类孵化器加速器面积突破 200 万平方米，省级以上工程（技术）中心、博士工作站、院士工作站等 100 余家，为园区企业提供技术信息、咨询、开发，以及产品研制、设计、检测等公共技术支持，形成了全价值链的服务体系。

科技金融活跃。建设了吴泰闸金融街、杨桥金融组团、财富中心等金融载体，聚集了近百家银行、证券、担保、保险、基金等金融机构，设立了济宁市首家科技小贷公司，20 只创投、风投、天使基金规模突破 50 亿元，可为科技企业和创新人才提供全方位、专业化、定制化投融资解决方案。

功能配套齐全。加快建设济宁复合中心，科技新城核心区面积拓展到 17.6 平方公里，建设了 15 年一贯制国际学校、三级甲等医院、科技中心、印象吟龙湾、永旺购物中心、东部绿洲、蓼河湿地，以及创意 SOHO、专家公寓、企业家园、青年公寓等科研、教育、商务、金融、居住、生活、社交、休闲功能载体，区域整体环境通过 ISO14001 认证，正式跨入创新型国际化科技新城建设的新阶段。

营商环境领先。与先进高新区对标，向一流高新区学习，建成了山东省一流的数字化市民中心，在山东省率先开通经济和社会事务服务呼叫中心，创造了"小区域、大平台，小政府、大社会，小机关、大服务，小街道、大社区"体制优势，是山东省服务效率最高、市场活力最强的地区之一。2015年，经济总量居全国国家高新区30强，综合实力跻身国家高新区第一方阵，主要经济指标位列山东省国家高新区前三位，以占济宁市2.3%的土地面积，创造了全市13.3%的地区生产总值，集聚了全市48%的高新技术企业、85%的科技企业孵化载体和45%的"511计划"人才。

第二节　园区特色

一、以应急救援工程装备和信息服务为主的产业体系

济宁高新区内汇集了以小松山推、山推股份、小松山东、山重建机、山推机械、重汽商用车、东岳汽车、沃尔华挖掘机等八大主机平台为代表的工程机械产业集群，集群企业300多家，是国内公认的六大工程机械制造基地（长沙、徐州、济宁、常州、厦门、柳州）之一，是国内配套最完善的区域。山推是世界第二、国内最大的推土机生产商，国内市场占有率60%；小松山推是中国最大的大中型液压挖掘机生产企业，市场占有率20%以上。山推推土机、小松挖掘机等产品在抗震救灾、应急救援等工作中多次发展重要作用。在汶川特大地震灾害中，山推股份的推土机在处置唐家山堰塞湖工作中作出了重要贡献。2014年，高新区装备制造业实际缴税金10.2亿元，占全区工业税收的25%。

济宁高新区在发展信息产业方面优势明显，目前已引入了HP、甲骨文、文思海辉、软通动力等企业，形成软件人才实训、国际认证考试、解决方案、体验展示和研发销售中心。济宁软件园是山东省省级软件园，重点发展软件信息、文化创意、"互联网＋"等三大产业，已经汇聚相关企业200余家，专业技术人员3000余人。英特力是民营军工企业，光通信光缆军品国内市场占有率60%以上。2015年，济宁高新区被认定为国家国际科技合作基地，在开

展科技合作方面拥有成熟的平台和丰富的经验。

依托园区内工程机械、通信业等优势产业基础，济宁高新区的安全产业以应急救援工程装备和信息服务为主。

二、科技创新平台体系较为完整

作为"发展高科技，实现产业化"的济宁高新区，在发展中突出区域优势，体现"高""新"特色是高新区的本质和精髓。目前，高新区科技人员和研发投入高度密集，科技企业不断发展壮大，已经建立了从技术创新研发、技术转移、企业孵化到产业集群的一套企业创新和产业培训体系，探索形成了培育成长型企业和产业集群的有效模式，产生了许多具有战略意义的创新成果，成为高新产业持续涌现的发源地。

目前，济宁高新区拥有国家级创业中心、国家级生产力促进中心，省级软件园、创业园，国家级技术中心5家，国家级工程技术中心2家，国家级实验室5家、研究所5家，山东省院士工作站4个，博士后工作站5个，国家级科技企业孵化器2家，省级企业技术中心20个，省级工程技术研究中心22个，省级重点实验室、省级工程实验室、省级工程技术中心共6个，省级工业设计中心4个，高新技术企业100多家，国家级光电信息、生物技术、工作机械和纺织新材料产业基地，15个公共创新平台，有良好的技术和人才优势。

三、丰富的专业人才资源，特色的人才服务平台

济宁市全市有7所高等院校、39所中等职业学校，在校生近20万人；济宁及周边200公里范围内拥有山东大学、中国矿业大学、曲阜师范大学等34所本科高等院校，在校生近30万人，为济宁高新区安全产业的发展提供了丰富的人才资源。济宁高新区大学园是高新区完善产学研基地功能，培养储备人才的重要工程。主要是通过联合办学、共建人才实训基地和公共研发平台，坚持产学研相结合、学历教育与技能实训相结合，超前谋划人力资源布局，以专业化、技能型人才加速推动产业链升级、价值链攀升。与复旦大学、山东大学等高校签订了战略合作协议，共建人才培养教育平台。未来3—5年，

将联合 10 家以上的一流高等院校共建专业或研究院，集成各大高校人才培养、技术研究、文化创新等功能。以专业化、技能型的人才集群引导高端产业集聚。

济宁高新区还创建了人才联盟，发挥了联系人才机构、高校院所的纽带作用。人才联盟自设立以来，设立了 1 亿元的人才专项基金，围绕主导产业，已吸纳了山推股份、浦发银行等 100 多家重点企业和金融机构为会员单位，并与 30 多所高校和人才机构建立合作关系，实现人才、企业、高校、机构资源共享，为高新区提供人才保障。

第三节　存在的问题

一、产业规模相对有限，产业体系有待完善

济宁高新区内安全产业总体规模较小。据部分统计，济宁高新区内安全产业相关企业 40 余家，销售收入 40 多亿元。从济宁高新区经济总量看，2014 年营业总收入 2155 亿元，其中，安全产业所占比例约为 1.86%，甚至小于主导产业一家企业的经济规模。与同期全国同类安全产业基地、园区相比，如合肥高新区、重庆安全产业基地安全产业规模约 300 亿元，徐州高新区安全科技产业产值约 200 亿元，浙江乐清、广东东莞、辽宁营口等地的安全产业产值规模为 100 多亿元，济宁高新区的安全产业规模较小。从济宁高新区的安全产业总体规模看，其安全产业的发展还处于初级阶段。从企业规模看，工业产值超过亿元的规模企业共 11 家，其中，超过 10 亿元企业 1 家，5 亿—10 亿元 1 家，产业集聚程度有待提高。

济宁高新区内安全产业体系尚有待完善。济宁高新区针对 5 大主导产业建立了相应的技术服务公共平台体系和科技金融服务体系，形成了覆盖研发、孵化、制造、检测检验、信息服务等较为完整的产业链条，产业体系中技术、人才、资本、市场等要素得到有效整合。但主导产业之外，从产业链角度看，安全产业现有企业主要集中在产业链的中游即生产制造环节，上游的研发、

设计和下游的市场服务、售后服务等环节比较薄弱。从产业发展要素看，安全产业内的技术、人才等要素仍显单薄，高端要素缺乏，资本、市场等要素有待加强引导和拓展，各类产业要素有待加强整合。从产业结构看，主要集中在安全产品方面，安全服务业发展相对较弱。总体而言，围绕安全产业的产业体系有待进一步完善。

二、企业之间关联不强，集聚效应尚未发挥

企业之间关联较弱。济宁高新区内安全产业相关企业主要伴随装备制造、光电信息、生物医药、纺织新材料、现代服务业等五大主导产业的发展而来，尤其集中于装备制造产业，与光电信息、生物医药、现代服务业等产业相关的安全产业企业数量较少，相互之间缺乏关联。在安全产业企业相对集中的装备制造产业领域，安全产品主要是工程机械和矿用装备，除生产同类产品的企业之外，企业之间多数相互独立，产业链上下游互补等关联性不明显。总体而言，济宁高新区安全产业相关企业之间关联较弱，不利于推动企业之间的竞争与合作。

产业集聚效应尚未发挥。产业集群发展可以加快产业创新与升级。生产某种产品的若干同类企业，以及为这些企业配套的上下游企业和相关服务业聚集在一定区域内，形成高密度的产业集群，集群内企业之间的竞争与合作，有利于促进产业创新，提升专业化分工；人才、技术、信息、市场等要素的集聚也有助于降低企业的交易成本，形成创新的环境。济宁高新区内安全产业相关企业只有40家，企业群体规模较小，且相互之间缺乏竞争与协作，尚未形成产业集群，难以发挥集聚效应，不利于产业的壮大与升级。

三、高端专业人才不足，服务体系有待优化

济宁高新区安全产业高端人才不足。从人才资源专业结构看，济宁高新区的人才资源主要集中在信息产业、软件产业方面，市场、管理、投融资等专业人才资源对安全产业的支持不足；从技术人才的层次看，在国家千人计划专家、省泰山学者等高端人才层面，安全产业相关高端技术研发人才数量不足，技能型人才资源相对充足。

　　济宁高新区现代服务体系有待优化。尽管济宁高新区内建设了多种生活配套设施和服务，但是服务于安全产业的投融资、物流、仓储、咨询、信息、商业等现代服务业配套尚不齐整，市场信息、产业咨询、招商引资等对安全产业的针对性不足，专业化的安全产业投融资平台有待健全，安全产业综合服务品质有待提升，综合性的现代服务业配套有待加强。

企业篇

第十七章　杭州海康威视数字技术股份有限公司

杭州海康威视，2001年成立，始终将研发作为保持领先的首要企业核心竞争力，投入大量资金培养人才及建设科研场所，科研资金投入占企业销售额始终维持在8%左右，凭借自主研发的先进技术，迅速成长为该领域内的领头羊，同时向国际市场进军。2016年，通过收购英国 Secure Holdings Limited 公司，进行全球布局。另外，海康威视注重市场变化，关注客户需求，在多个领域为客户量身定制安全监控系统。随着我国步入"互联网＋"时代，海康威视也在不断更新自身的产品体系，运用机器人技术及物联网技术，与多家企业进行合作，开拓新兴市场，挺进汽车安全产品领域。

第一节　总体发展情况

一、发展历程与现状

杭州海康威视数字技术股份有限公司是中国领先的监控产品供应商，一直以来致力于不断提升视频处理技术和视频分析技术，面向全球提供优质的监控产品、技术，最佳解决方案与专业化服务，持续为客户创造最大价值。

从2001年11月公司创立至今，海康威视不断发展壮大，从一个28人的创业团队发展到拥有18000多名员工的上市公司，从500万元注册资本的普通音视频压缩板卡公司起步，以每年超过40%的营业收入和年利润复合增长率，发展到现在接近320亿总资产、逾1500亿市值的行业龙头企业。自2007年海康威视首度进入 A&S《安全与自动化》"全球安防50强"以来，不断攀升创造历史佳绩，在公司成立十五周年之际，荣升"2016年度A&S全球安防50强"榜首。据了解，一年一度的"A&S"全球安防50强是极具权威的全球安防产业排行榜之一，主要根据全球范围内纯安防领域的制造商、方案提供商（不包括安装商）上一年度实际销售和盈利情况所做的评比，为评估安防企业在全球市场的实力和地位提供了重要参考依据。在此之前，美国的权威机构HIS在报告中显示，在全球视频监控领域，海康威视全球市场份额从2014年的16.3%增长至2015年的19.5%，连续五年蝉联全球第一。海外市场份额从2014年的6.2%，2015年增长至9%，排名跃居海外市场第一位。

海康威视作为全球视频监控数字化、网络化、高清智能化的见证者、践行者和重要推动者，一年一个飞跃，2012年，海康威视超前提出了"iVM（智能可视化管理）"新安防理念；2013年，创造性提出HDIY理念，率先倡导定制高清；2014年，全力推出4K监控系统，激活IP高清可视化应用；2015年，引爆IP大时代的到来，引领IP普及；2016年，海康威视庄严宣告SDT安防大数据时代的到来，再次站在安防变革的前沿，不断推动行业提升和产业迅猛发展。

海康威视从2007年布局海外市场开始，至今已经"出海"十年，最近海康威视的一个"大动作"就是在2016年5月收购了拥有Pyronix品牌的英国公司Secure Holdings Limited，该公司是英国本土最知名的入侵报警专业公司。此次收购是海康威视布局全球市场迈出的重要一步。事实上，海康威视的海外版图不断扩张，在韩国、加拿大、墨西哥等地设立子公司后，近期又陆续在哥伦比亚、土耳其等国家设立子公司，目前海康威视的海外分支机构已增至23家。海外拓展的十年，海康威视经历了国际化1.0"走出去"到国际化2.0"本地化"的过程，截至目前，海康威视已在全球120多个国家和地区注册了商标，在海外自主品牌占有率已超过80%。

二、生产经营情况

海康威视2016年中报净利润26.07亿元，同比增长18.15%。公司财报显示，2016年上半年，海康威视实现营业总收入125.48亿元，同比增长28.09%。其中，国内市场实现营业收入89.54亿元，同比增长23.86%；海外市场实现主营业务收入35.93亿元，同比增长40.02%。

表 17 – 1　海康威视 2013—2015 年各领域全球市场份额

	2015 年		2014 年		2013 年	
	排名	市场份额	排名	市场份额	排名	市场份额
CCTV 以及视频监控设备	1	19.5%	1	16.35%	1	10.9%
监控摄像机	1		1	17.3%	1	11.9%
模拟监控摄像机	1		1	13.3%	2	10.1%
网络监控摄像机	1		1	18.9%	2	13%
视频编码器	1		1	13.1%	2	9.5%
VMS	3		4	5.8%	3	5.4%
NVR	1		1	15.7%	1	6.6%
DVR	1		1	26.3%	1	16.4%
百万像素网络摄像机	1		1	20.6%	2	13%
网络视频监控	1		1	16.2%	1	10.4%

资料来源：海康威视，2017 年 2 月。

第二节　主营业务情况

2016 年，海康威视表现优于行业其他企业，全球市场份额继续提升。视频监控设备市场整体发展迅猛，海康威视凭借实力在全球网络视频监控设备市场份额达到了 18.9%。此次在 EMEA 市场（欧洲、中东、非洲）海康威视荣获第二名，拥有整体市场 9.2% 的占有率。

表 17 – 2　海康威视后端产品简介

型号	优势
猎鹰系列产品	能够准确提取监控视频中车辆或活动目标（车辆、人）的关键信息，形成结构化信息检索库，适用于城市非主干道的治安视频结构化处理。可助力传统视频由初级智能转向高级智能，为已建视频监控实现高效益、低成本的智能化改造。
闪电系列产品	适用于对空间、成本、性能要求较高、应用环境较为复杂的大规模网络部署。超高性能，采用全模块化架构设计，较传统服务器性能提升 16 倍。高密度，内嵌智能分析算法，还可以集成平台、智能分析、流媒体、转码服务器等功能，准确地进行二次识别，提取车辆图片中的结构化信息，单机每天最高支持 2000 万张图片的二次识别，同时支持车辆以图搜图，可快速查询目标车辆。

资料来源：海康威视，2017 年 2 月。

第三节 企业发展战略

一、重视人才，自主创新

近年来，海康威视在智能安防应用领域硕果累累，不断发展壮大，除了公司对市场发展趋势的敏锐洞察外，更主要的是公司在前沿技术研发方面的强大实力。这些成绩得益于公司始终坚持自主创新是一切工作的核心的原则。海康威视共有 18000 多名员工，其中专业人员 14000 人，纯研发业务的员工 8000 人以上，每年公司在科技创新方面的直接投入始终稳定于销售收入的 8% 左右。

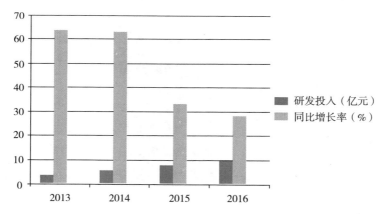

图 17 – 1　海康威视 2013—2016 年研发投入及增长率

资料来源：海康威视，2017 年 2 月。

海康威视主打的安防监控产品属于电子类产品，这类产品的特点就是生命周期较短，一般 3—5 年左右就要更新换代，具有技术发展快、更新快的特点。这意味着企业要想发展壮大，必须不断加大科技研发投入，不断推陈出新，唯此才能确保企业始终走在安防监控领域前列。海康人深知人才与创新对安防行业的重要性，公司早在 2012 年就创造性地推出股权激励方案，激励范围主要包括那些对实现公司战略目标所需要的关键领域的中层管理人员、核心技术人员和骨干员工，在国有控股的企业实施覆盖范围如此之广的股权激励相对少见，足见公司对技术创新、集聚人才的战略落地的煞费苦心。公司认为，只有在人才方面加大投入，才能拥有核心技术，才能建设难以复制的创新体系，这被海康威视视为珍贵经验，是公司多年发展经验的沉淀。海康威视在人才与创新领域的投入换来了巨大的回报，仅 2014 年一年，海康威视就提交了 986 件国内专利申请，通过《专利合作条约》（PCT）途径提交的国际专利申请超过 30 件。

二、秉承以市场为导向

海康威视将"产品的质量是企业的生命"这一宗旨做到极致，将为广大客户提供优质的安防产品和服务，持续为客户创造最大价值的发展原则，始终作为企业发展核心，海康威视一直以来就是通过高品质的过硬产品和专业细致周到的服务赢得了市场。海康威视将"可靠性优先"的原则视为市场发展的生命，通过市场调研、科学考量建立了一整套行之有效的质量控制体系。为保证公司产品的高品质，海康威视的产品都要按照 ISO9001：2000 质量管理体系认证，进行严格科学的测试，并通过 UL、FCC、CE、CCC、C – tick 等测试认证之后，才能准予投放市场。

始终坚持"以市场为导向"的原则，是海康威视快速发展的又一制胜法宝。通过建立三级垂直服务体系、快速有效的本地化服务等一系列举措，极大地缩短了与客户的距离。公司为了更好地服务于全球客户，创建了贴心的客户服务电子化流程，秉承服务"家庭安全"与"企业安全"的理念，公司在 notes 平台建立了市场推出产品所涉及的各个职能部门的全电子化流程，使客户无论身处何处都可以通过这个平台进行技术咨询，客户提出的要求都会在第一时间得到答复，并得到及时处理。

三、加速进行海外布局

海康威视自 2003 年即开始进行国际市场营销，公司最初除了贴牌生产的产品，自主品牌难以触达中高端终端用户，如何更好提升品牌形象，找到溢价空间成为公司进军海外市场的重中之重。自 2007 年，海康威视的国际化战略开始寻求不同于传统 OEM 贴牌的发展道路，在行业中率先实施自主品牌战略，即通过聘用海外市场本土员工，建设国际营销网络、海外物流、装配基地等本地化服务等一系列举措，合力拓展海外渠道。海康威视的海外市场营业收入约80%源自自主品牌。目前海康威视在全球100多个国家和地区完成了"HIKVISION"商标的注册。

"拥有海外市场，才能算是一个完整的市场。""站在完整的市场探索发展，才能有足够大的发展空间和回旋余地。"这些都是海康人的共识。但是海康人也深知"海外市场的蛋糕足够大，但并不好切"。海康威视不单想要在海外市场站稳脚，更要和霍尼韦尔、博世、三星这样的巨头公司博弈。iHS发布的市场研究报告显示，在过去5年中，海康威视连续稳坐全球视频监控企业第1位，并且在2015年，海康威视的海外市场份额首次超越安讯士位居榜首。

海康威视海外市场的空间还远未到天花板，仅2016上半年，海康威视在全球经济不景气的大环境下，海外业务营收增速依然维持在40%的水平，产品毛利达到47.7%。

四、积极开拓新兴领域市场

我国安防行业经过30多年的发展，已经步入了转型期，开启泛安防时代。传统的安防企业拥抱"互联网＋"，跨界与多个行业的融合已是大势所趋。云存储、数据可视化、智能分析等新兴领域纳入海康威视的视野，成为企业扩张的下一个"风口"。

海康威视从2014年起，就开始了在"新领域"的布局，同年8月，海康威视与乐视网结成战略合作伙伴，双方在云服务、智能硬件、视频内容等方面展开合作。同年9月，海康威视再度牵手阿里云，开启物联网与互联网融合模式。

2016年初，凭借多年在图像传感、人工智能等领域的技术积累和自主创新，海康威视推出"阡陌"智能仓储系统，通过机器人开启了"货到人"这一颠覆传统仓储的作业模式。"阡陌"智能仓储系统适用于有多品种、小订单分拣需求的仓储作业环境，例如电子商务的分拣中心和3C、电子等制造业原料及成品仓库等。同年6月，海康威视以1.5亿元的注册资金，在杭州滨江区成立了杭州海康汽车技术有限公司，主营业务包括车用电子产品及软件、汽车电子零部件、智能车载信息系统等，这标志海康威视正式进军汽车电子行业市场。

第十八章　徐州工程机械集团有限公司

徐工集团是中国最大的工程机械开发、制造和出口企业，市场认知度和品牌价值较高。围绕着"成为极具国际竞争力、让国人为之骄傲的世界级企业"愿景，年营业收入由1989年成立初期的3.86亿元，到2016年的801.10亿元，始终保持着行业首位。如今，正向着实现千亿元世界级目标阔步迈进。ET110型步履式挖掘机和"全地面起重机关键技术开发与产业化"分别荣获国家科学技术进步二等奖，被授予国家首批、江苏省首个国家技术创新示范企业。

第一节　总体发展情况

徐工集团成立于1989年3月，27年来始终保持中国工程机械行业排头兵的地位。目前位居世界工程机械行业第5位，中国工程机械行业第1位，中国机械工业百强第2位，中国500强企业第189位，中国制造业500强第55位，是中国工程机械行业规模最大、产品品种与系列最齐全、最具竞争力和影响力的大型企业集团。总部位于徐州经济技术开发区，2016年底资产833亿元，职工24000余人。

徐工集团积极实施"走出去"战略，产品销售网络覆盖174个国家及地区，在全球建立了280多个徐工海外代理商为用户提供全方位营销服务，年出口突破16亿美元，连续27年保持行业出口额首位。目前，徐工集团9类主机、3类关键基础零部件市场占有率居国内第1位；5类主机出口量和出口总额持续位居国内行业第1位；汽车起重机、大吨位压路机销量全球第1位。

徐工集团将技术创新融入发展血脉，诞生了一批代表中国乃至全球先进水平的产品：两千吨级全地面起重机，四千吨级履带式起重机，12吨级中国最大的大型装载机，百米级亚洲最高的高空消防车，第四代智能路面施工设备等，在全球工程机械行业产生了颠覆式影响。目前，徐工集团拥有有效授权专利5007项，其中授权发明专利757项，欧美日专利4项，拥有国际领先技术20多项，国产首台套产品100多项。

徐工集团在"十二五"期间在徐州竣工投产了全地面起重机、装载机智能化、混凝土泵送机械、混凝土搅拌机械、挖掘机械五大产业新基地。同时，积极实施"走出去"战略，在欧洲、北美投资建立全球研发中心，在巴西投资建设辐射南美的制造基地，在"一带一路"沿线国家和地区投资设立了合资公司。目前产品销售网络覆盖173个国家及地区，在全球建立了280多个徐工海外代理商为用户提供全方位营销服务，连续27年保持行业出口额首位。

未来，徐工集团将继续秉承"担大任、行大道、成大器"的核心价值观和"严格、踏实、上进、创新"企业精神，坚守着大国重器的责任与使命，在产业报国道路上稳健前行。

表 18 - 1　徐工集团财政情况

财务指标	营业收入情况		净利润情况	
财年	营业收入（亿元）	增长率（%）	净利润（万元）	增长率（%）
2014	808.14	− 13.1	97124	− 53.2
2015	739.40	− 8.5	10581	− 89.1
2016	801.10	8.3	18173	71.7

资料来源：徐工集团企业年报，2017 年 1 月。

第二节　主营业务情况

徐工集团主要产品有起重举升机械、路面压实机械、土石方机械、矿山机械、桩工机械、汽车及专用车机械、混凝土机械、环卫机械、军工以及液压、电控、传动等核心零部件。其"三高一大"产品两千吨级全地面起重机，四千吨级履带式起重机，12 吨级中国最大的大型装载机，百米级亚洲最高的高空消防车，第四代智能路面施工设备，700 吨全液压矿用挖掘机等，在全球工程机械行业产生了颠覆式影响。

第三节　企业发展战略

一、坚守主业，增强工程机械竞争优势

巩固以轮式起重机为首的优势产品竞争力，加大创新力度，发挥行业引领作用，提升高端市场竞争力和影响力；保持并增强排名国内行业第一的主要产品竞争优势，包括：轮式起重机、压路机、平地机、旋挖钻机、水平定向钻、随车起重机、消防车、摊铺机等。强化挖掘、矿山、铲运、混凝土机械和塔机等产品板块市场竞争力，建立行业领先地位，打造一批新的优势产品；加快壮大高空作业机械、施工升降机、道路养护机械、地下空间施工机械等细分产业，培育新的增长点，完善工程机械板块产业结构。

二、积极培育新板块，打造环境、重卡两个新支柱产业

借助首进物流车市场前十的影响力，抢抓物流行业发展机会，大力推进"汉风"系列重卡在物流车市场的快速突破；同时，借助内部专用车配套市场以及非公路宽体自卸车技术优势，进一步深耕工程车、专用车领域，并加快新能源汽车产品的发展，快速形成产业化突破。以环卫机械产业为基础，快速向产业链下游固废处置、土壤修复、污水处理等环境保护领域拓展，由环保设备制造商向环境治理与运营服务商转型。

三、强力推进国际化拓展，提高出口收入占比

深化海外渠道建设，构建专业化营销渠道，建立产品专线营销体系。同时，加快推进海外重点市场、空白市场营销体系建设，完善经销商网络，在重点国家市场建立直销和多个一级经销商构成的分销渠道。加快完善海外服务备件体系，优化整合服务资源，增强服务备件中心能力，提升经销商的服务能力。建立健全海外服务标准和服务规范，形成行业领先的海外服务能力。完善海外业务链条。加快融资租赁、国际金融等新业务发展，强化二手车、

经营租赁等后市场业务，打通整个海外业务链条。

四、坚持创新驱动，构建"世界级"的技术创新能力

以技术进步和科技创新支撑公司的转型升级，实现产业多样化、产品智能化、制造服务化。面向南美、东南亚、中东、中亚等海外重点区域市场，加快适应性产品的研发，尽快打造一批具有较强国际市场竞争力的主导产品。面向海外中高端市场，尽快完成全地面起重机、越野轮胎起重机、挖掘机、小型工程机械和高空作业平台等适应性产品的开发。以关键核心零部件技术突破，支撑主机产业差异化竞争和高端市场突破。争创国家级重点研发项目（863、国家支撑等）、工程机械数字化智能化制造示范工程、工程机械强基示范工程、工程机械检测、试验与评价数字化智能化平台建设工程等，成为引领工程机械行业发展的技术创新基地。

五、深化"产融互动"，推动金融产业纵向深化和横向拓展

以徐工财务、金融事业部和徐工投资为核心，打造专业性、综合性金融产业体系；以资本运作为手段，加快金融产业业务范围拓展，构建徐工大金融产业体系。通过融通资金、服务主业、整合资源、价值增值等措施，实现以融促产、产融互动、双轮驱动。

六、加快推进市场体系变革，以后市场驱动产业转型升级

加快市场经营体系变革，规划、整合、集成、优化市场营销信息化平台，打通销售、租赁、二手车、服务、备件市场业务一体化信息通道。利用现有渠道和徐工品牌优势促进二手车销售；加大海外二手车业务规模，搭建战略合作平台。在现有生产基地的基础上全面布局整机维修、零部件再制造，通过维修、再制造加速收回车辆再流通。建立和完善公司层面的二手车业务平台。打造高端、成套性租赁优势。拓展海外经营租赁业务；发展战略合作伙伴。

七、深化两化融合，培育信息化产业

以物联网、大数据、云计算等信息技术应用为重点突破口，以企业两化深度融合为发展主线，全面提升企业的智能制造水平，形成企业核心竞争力，实现徐工智造。以智能制造、物联网、咨询实施三个方向为出发点，培育徐工自己的信息化产品并逐步实现产业化，为企业转型升级带来新的动力。

八、高端人才牵引，为公司提供坚实的人才保证

变革人力资源管理体系，奠定坚实组织基础。"以业务集上来，人员走下去"为突破，建立人力资源共享服务中心与人力资源战略支持中心。聚焦价值创造，提升组织绩效，为全公司提供更具市场价值的专业化、定制化人力资源服务。探索人才供应体系，建立全球人才供应链。构建人才职业生涯体系，提升人才能力素质。创新人才培养体系，打造高效人才供应链。优化绩效管理体系，塑造卓越绩效模式。构建人才分级管理体系，强化核心人才保留机制。

第十九章 山推工程机械股份有限公司

山推工程机械股份有限公司于1980年合并成立，1990年山推推土机累计销量突破2000台，1993年山推工程股份有限公司完成改制，然后山推与日本小松株式会社合资成立小松山推工程机械有限公司，"山推股份"在深圳交易所挂牌上市并开盘交易，募集资金3.7亿元，2009年被国家人事部批准设立博士后科研工作站。山推多次参与抢险救灾，推土机、装载机等机械凭借稳定高效的工作能力出色完成了救援任务。山推专注产品质量，持续改善质量控制体系，为客户定制、提供全生命周期的价值服务，另外，企业持续完善研发平台和营销体系。

第一节 总体发展情况

山推工程机械股份有限公司最初是由济宁机器厂、通用机械厂和动力机械厂组建而成，成立于1980年，于1997年1月山推在深交所挂牌上市。山推工程机械股份有限公司目前拥有5家控股子公司和3家参股子公司，总占地面积100多万平方米，山推股份公司坚持以高新技术引领企业发展，多次获得山东省制造业信息化示范企业、山东省企业文化建设示范单位等荣誉，另外，山推曾被评为中国机械工业效益百强企业、国家一级安全质量标准化企业。

山推是国有股份制上市公司，跻身中国制造业500强，进入了全球建设机械制造商50强排行，是集研发、生产、销售工程机械系列主机产品及关键零部件于一体的国家大型一类骨干企业，主要产品包括铲土运输机械、路面压实机械、建筑机械、工程起重机械等。国内已形成山推的七大产业基地，包括山推国际事业园、山推武汉产业园、山推泰安产业园、山推抚顺产业园、山推济南产业园、山推崇文产业园、山推新疆产业园，总占地面积达 3900 亩，山推利用国家级技术中心、山东省工程技术研究中心和博士后科研工作站等创新平台的发展，企业研发创新能力、制造能力、产品质量不断提升，在国内同行业处于领先，并具有与全球先进机械制造商竞争的能力。山推各类产品和装备的年生产能力在国内机械行业首屈一指，达到 1.5 万台推土机、7000 台道路机械、5000 台混凝土机械、18 万条履带总成、16 万台液力变矩器、5 万台变速箱、140 万件工程机械"四轮"。

山推在 2013 年被教育部授予博士后科研工作站，拥有同济山推工程机械研究院、山东省工程机械工程技术研究中心、山东省工业设计中心等科研机构，建立起了一套完整的研发体系，努力打造技术标准、研发信息化、整机验证等四大研发平台，为产品研发、推进产业高端化奠定了坚实的基础。全系列产品专利就已经拥有 850 余项，应用率高达 70% 以上。山推产品在全国各地机械、矿山等行业发挥作用，并销往海外 150 多个国家和地区。目前，山推形成了较为健全的销售维保体系，全国建有山推专营店 26 家，营销网点 150 个。山推已开始进军全球市场，已发展 71 家海外代理商，在阿联酋、南非、俄罗斯、巴西等地建立 10 家海外子公司，2016 年成功突破推土机容量占全球 1/3 以上的美国市场。

第二节　主营业务情况

山推工程股份有限公司的安全产品和装备共计 110 余个规格型号，主要有 5 个种类。山推通过了 ISO9001 质量认证、ISO14000 环境体系认证、CE 认证等，长期保障了山推产品和装备的质量，被机电商会评为"推荐出口品牌"，2007 年取得了"中国名牌"的荣誉称号。山推多次参与抢险救灾，推土机、装载机等机械凭借稳定高效的工作能力出色完成救援任务，挽救了受灾地区群众生命，在财产转移和安置工作中发挥重要作用。救援队伍和设备的有效输出得到了社会各界的表扬，抢险救援的系列装备也得到了行业专家的肯定。

山推系列推土机产品理念是"推陈出新路行天下"，主要用于机场、道路、矿山、堤坝、铁路等作业环境。山推系列推土机产品根据马力不同共分12个档次，有标准型、湿地型、超湿地型、沙漠型、高原型、推煤型、森林伐木型以及环卫型等变形产品。各种型号的推土机可选配直倾铲、角铲、U型铲、环卫铲以及空调驾驶室、防翻滚驾驶室、简易驾驶室和三齿松土器单齿松土器、绞车、铲运机等附属装置。

山推系列压路机，用于机场、道路、矿山、堤坝、铁路和其他作业场地的压实作业。主要包括机械式单钢轮振动压路机，全液压单钢轮振动压路机，静碾式、双钢轮和轮胎压路机。山推压路机具有优异的压实性能、稳定的工作效率、简便的操作流程，压路机采用进口液压系统，稳定性和可靠性在运行中得到保证，另外，压路机驾驶室具有良好的视野，同时配置人性化的操作系统，全面提高操作舒适性，选配压实度测量仪可自动对压实过程进行监控和检测。

山推系列装载机根据作业需要分3个等级，搭配大功率发动机，动力强劲，扭矩储备大，能充分发挥强大的挖掘力和驱动力，提高工作效率。产品有标准型、煤炭型、岩石型等配置，以适应各种工况，满足广大用户使用要求，同时有抓木机、抓草机、装煤斗、高卸载等多种工作装置供用户选择。

山推建友机械股份有限公司，是国内最早生产混凝土搅拌设备的企业。主营混凝土搅拌站、干混砂浆站、沥青站、搅拌运输车和各类搅拌主机等产品。山推楚天工程机械有限公司作为山推子公司，国内混凝土机械行业名列前茅。主营混凝土臂架式泵车、拖式泵、搅拌运输车、车载泵和搅拌楼（站）。可为客户提供成熟可靠的混凝土设备和完善的施工解决方案。

山推目前已开发形成登高平台消防车、举高喷射消防车、泡沫、水罐消防车、抢险救援消防车、高空作业车、桥梁检测车等六大系列三十多个规格的产品。产品广泛应用于部队、消防、航空航天、石油化工、水利电力、造船、市政路灯、园林和建筑等行业和部门。产品能够适应环境和客户需求，荣获四个国家级重点新产品奖和多项省部级科技进步奖。

表 19 - 1　山推消防作业车型号与特点

型号	类型	特点
JP60	举高喷射消防车	60 米的额定工作高度，360 度无限制旋转，智能化安全控制系统，具有一键制展收车功能，操作方便快捷
PM50H	泡沫/水罐消防车	时速可达 95km/h，罐体可装载 1000L 泡沫，4000L 水
SG30	水罐消防车	农村消防专用车
DG54	登高平台消防车	进口火场监视系统，智能化安全控制系统，工作平台具有超载报警功能、安全性好

资料来源：赛迪智库整理，2016 年 11 月。

第二十章　威特龙消防安全集团股份有限公司

威特龙消防安全集团股份公司，主要从事生产消防安全技术装备并提供全套整体解决方案。公司以"主动防护、本质安全"为创新理念，相继承担完成了国家能源安全、公共安全和文物安全领域数十项重大科研项目，形成了油气防爆抑爆技术、白酒厂防火防爆技术、煤粉仓惰化灭火技术、细水雾灭火技术、惰性气体灭火技术、绿色保温防火材料和消防物联网平台等成套技术。在物联网技术高速发展的当下，威特龙注重产品创新，大力发展防火型装配式建筑、新型高压喷雾消防车和消防物联网，着力发展成为"互联网+消防技术与产业"的领导者。此外，企业积极拓展海外市场，主动参与"一带一路""中国制造2025"等国家战略，与国外谋求合作，将产品推向国际平台。

第一节　总体发展情况

威特龙消防安全集团股份公司位于成都市高新技术开发区，是国家火炬计划重点高新技术企业、全军装备承制单位，面向全球客户提供领先的消防安全产品、行业安全装备、消防工程总承包、消防技术服务等全方位消防安全整体解决方案。

威特龙坚持技术创新，搭建了"省级企业技术中心""四川省工业消防安全工程技术研究中心""油气消防四川省重点实验室""四川省工业设计中心"四个科研平台，并参与了"消防与应急救援国家工程实验室"的组建。公司获国家专利186项（其中发明专利36项），国家科技进步二等奖1项，省部级科技进步一等奖3项、二等奖2项、三等奖2项，国家安全生产监督管理总局安全生产科技成果奖二等奖1项，研发国家重点新产品1项，主持或参与制（修）订国家标准、行业和地方标准 20 余部，成为中国消防科技创新第一品牌和消防先进技术的引领者。

威特龙拥有国家住建部颁发的"消防设施工程设计与施工壹级"资质，形成了消防设备、消防电子、防火建材、解决方案、消防工程和消防服务六大业务板块；旗下的 21 家分、子公司，形成了完善的营销服务网络，覆盖国内并辐射俄罗斯、印尼、印度、巴基斯坦、土耳其等 20 余个国家和地区。

战略引领，创新驱动。作为中石油、中石化、中海油、延长油田、中国神华、中国铝业、中国移动、中船重工、中航工业、中国建筑、中国建材、国家电网、五大电力、大连港集团、宝钢集团等企业的重要合作伙伴，威特龙秉承"服务消防、尽责社会"的企业宗旨，以防火型装配式建筑、新型高压喷雾消防车和消防物联网为增长点，以提振中国民族消防产业为己任，致力于消防安全产业的整合与跨越发展。作为消防产业的集成商和运营商、主动防护本质安全技术的引领者、工艺消防领导者、互联网消防的先行者，激情、创新、务实、担当的威特龙人，为把威特龙打造成具有国际影响力的中国民族消防企业而不懈努力。

表 20 - 1　威特龙消防安全集团股份公司财政情况

| 财务指标 | 营业收入情况 | | 净利润情况 | |
财年	营业收入（亿元）	增长率（％）	净利润（亿元）	增长率（％）
2014	3.1	77.1%	0.4	80.0%
2015	3.3	6.5%	0.4	- 8.3%
2016	2.4	- 28.1%	0.3	- 35.9%

资料来源：威特龙消防安全集团股份公司报告，2017 年 1 月。

第二节　主营业务情况

本公司主营业务为自动灭火系统、电气火灾监控系统、新型防火材料及装配式建筑、行业安全装备的研发制造；行业解决方案的提供；消防工程总承包及消防技术服务。公司能为不同行业提供项目规划、设计咨询、系统方案、项目管理、工程技术与实施、维护保养等全方位消防安全整体解决方案。

公司主营业务包括消防设备销售及消防工程总承包施工。2014 年、2015 年及 2016 年公司主营业务收入占营业收入比重分别为 100%、100% 和 99.3%，公司主营业务突出。

表 20 – 2　2014—2016 年公司主营业务收入情况

项目	2016 年		2015 年度		2014 年度	
	金额（万元）	占比（%）	金额（万元）	占比（%）	金额（万元）	占比（%）
主营业务收入	23436.2	99.3	32752.2	100	30848.3	100
其他业务收入	171.6	0.7	7.6	0.0	13.1	0.0
合计	23607.9	100.0	32759.80	100.0	30861.4	100.0

资料来源：威特龙消防安全集团股份公司报告，2017 年 1 月。

表 20 – 3　消防产品和消防工程施工销售收入情况

项目	2016 年		2015 年度		2014 年度	
	金额（万元）	占比（%）	金额（万元）	占比（%）	金额（万元）	占比（%）
消防产品	14135.2	60.3	20080.5	61.3	19296.0	62.5
消防工程施工	9301.1	39.7	12671.7	38.7	11552.3	37.5
合计	23436.3	100.0	32752.2	100.0	30848.3	100.0

资料来源：威特龙消防安全集团股份公司报告，2017 年 1 月。

第三节　企业发展战略

公司是国家火炬计划重点高新技术企业，秉承"服务消防、尽责社会"的企业宗旨，致力于"主动防护、本质安全"，创新安全技术与应用的研究，面向全球提供领先的消防安全产品、行业安全装备、消防工程总承包、消防技术服务、防火材料等全方位消防安全整体解决方案，是中国"互联网 + 消防技术与产业"的领导者。

威特龙消防安全集团股份公司将"集团化、产业化、行业化、国际化"的发展战略贯彻到底，坚持以服务市场为中心，技术创新为驱动，致力于打造具有国际影响力的中国民族消防企业。

一、"三步跨越"的战略思维

基于愿景规划并结合威特龙的经营现状，以及国家宏观经济和相关行业的发展趋势，威特龙从长远看可实施"三步跨越"的战略发展构想。

通过实施纵向一体化、适度相关多元化战略，立足行业消防，推进公司产品产业化，完善产品及服务体系，展开国内外区域布局，夯实基础管理，培育核心能力，使综合竞争力得到明显提升，完成公司跨越的第一步。

通过实施技术生态链的搭建、产业与资本的结合、营销与服务体系的纵向和横向的扩展完善，整合企业内外部资源，培养和联合相关产业协同发展，建立起基于威特龙为骨干的产业生态圈，完成公司跨越的第二步。

通过实施多元化、产业并购和国际化战略，充分结合国家政策的发展，积极参与"一带一路""中国制造2025"等国家战略，成为在消防行业最具影响力的世界级的现代化消防产业集团，并发展成为综合化的大型现代化企业集团，完成公司跨越发展的第三步。

二、技术引领，创新技术理念，开辟技术发展新方向

威特龙消防安全集团股份公司是国家火炬计划高新技术企业，具有强大的科技研发实力，依据公司现有技术人员组建了省级企业技术中心、油气消防四川省重点实验室、四川省工业消防安全工程技术研究中心、四川省工业设计中心等机构，构建了威特龙公司强大的研发平台，始终将技术创新作为提升公司核心竞争力的关键。

公司在持续研究和优化自动灭火系统相关技术的基础上，始终关注现代消防技术领域的发展，持续在高大空间、地下空间、危险化学品、"工业4.0"与物联网等前沿科学领域进行探索，形成了以"防为上、救次之、戒为下"的技术哲学，以"主动防护、本质安全""工艺消防"为中心的技术理念，以"互联网＋消防"为抓手的技术生态圈，完成了从产品到技术理念，再到技术生态的转型升级。

公司现有多项前沿技术储备，既包括文物建筑人工光源消防安全、煤粉泄漏事故主动防护、石化企业电气安全监控及火灾预警、危险化工品事故池

消防设计、民航重大事故消防灭火救援，也包括防火材料等与公司现有业务紧密相关的其他领域的探索，这些技术储备使公司的技术水平始终处于行业领先地位。

三、以市场需求为导向，丰富公司产品线

经过对产品线的持续改进和完善，威特龙消防安全集团可以提供40余个类别数百种规格的消防产品，包括气体、水系、泡沫、干粉、细水雾、消防电气、防火材料、消防物联网和行业专用等产品，形成了比较完善的产品体系，可以满足目前消防工程中大部分工程的需求。

威特龙是目前拥有低压二氧化碳灭火系统系列产品最齐全的国内企业，其中从 $1m^3$ 到 $20m^3$ 各种规格的此种产品都具有市场准入资格。公司多项产品获公安部消防产品合格评定中心颁发的3C认证，部分产品取得欧盟CE认证，低压产品正进行美国FM认证，国际化发展基础良好。

四、以产业链为依托，向生态链的转型升级

消防产业是当前与社会经济、民生息息相关的产业，具有产业链长、边界宽、学科领域复杂等特点。

经过十余年的发展，威特龙消防安全集团股份公司在消防技术研究、消防产品研发、设备制造、工程设计、技术咨询、工程施工和维护保养服务等业务方面形成了完整的产业链条。

依托现有的产业链架构，通过技术的整合、产业与资本的结合、营销与服务体系的扩展完善，整合企业内外部资源，培养和联合相关产业协同发展，建立基于威特龙产业链为骨干的产业生态圈。形成以火灾探测、智能灭火为代表的智能消防技术族群，为智慧城市建设的消防物联网部分提供基础设备及数据来源；开展以"主动防护、本质安全"为核心的防护产品技术及产品横向联盟；以"工艺消防"为理念，以行业解决方案和工程总承包为依托，进行广泛的产业技术整合；以资本及产业基金为基础，根据市场和用户的需求不断创新服务模式，由最初的生产、销售模式，发展到建设—交付模式（BT模式）、租赁托管模式、PPP项目合作模式等，完成商业模式的创新

发展。

通过对产业链的完善和联合，对技术研究、产品开发、生产、工程及服务为核心的产业链进行横向扩展和纵深挖掘，完成围绕威特龙消防业务产业链条的产业生态链的转型升级。

五、搭建跨平台战略联盟，推动消防安全产业发展

公司致力于消防安全产业的整合与跨越发展，作为中国安全产业协会消防行业分会和民营军品企业全国理事会消防专业委员会的理事长单位，董事长汪映标被选举担任中国安全产业协会副理事长，参与中国安全产业协会战略决策，并全面负责消防行业分会工作。

中国安全产业协会的目标是建成国务院和国家部委的安全智库参谋部，构建"政产学研用金"平台，实施安全产业创新、产业技术创新、产业商业模式创新，用财政产业基金、银行和保险资金引导民间资金、境外资金组建安全产业投融资体系，投入安全产业，最终实现安全产品装备服务世界。威特龙作为中国安全产业协会消防行业分会和民营军品企业全国理事会消防专业委员会的理事长单位，坚持确立以市场开拓为重点目标，一手抓重点项目对接，一手抓消防产业基金建设，致力于加强全国从事消防行业的企业、事业单位和个人之间的合作、联系和交流，发挥行业分会的整体竞争能力和团体优势，实施会员集中采购和项目对接，帮助企业开拓国内外消防行业市场，主动引领消防行业整合，发展我国消防产业。同时搭建了消防、安全、应急产业的行业整合平台，促进消防安全战略联盟形成。

同时，公司依托"消防与应急救援国家工程实验室""油气消防四川省重点实验室""四川省工业消防安全工程技术研究中心""四川省工业设计中心"四个科研平台，积极参与前沿消防课题的研究，与公安部四大科学研究所及高等院校展开具体合作，形成高水平的科研联盟，整合行业科研人员，打造专家集聚平台，为安全产业提供消防行业专业智库支撑，促进整个行业的技术发展。

六、打破传统销售模式，围绕国家发展战略，协同发展

根据国家当前形势及政策，围绕国家发展战略，聚焦发展"一带一路"

"智慧城市""智能制造 2025"等领域的业务。

创新商业模式，积极引进现代互联网企业发展理念，围绕物联网、大数据、新材料、智能建筑、装配式住宅等进行商业模式的创新。以技术为先导，引领市场消费习惯，开拓蓝海市场。

以产业链和区域布局为依托，以产业联盟为形式，以生态链价值分享为理念，整合技术资源、地域资源、产业资源和生态链资源，进行横向的整合，最终形成协同发展。

第二十一章 中防通用电信技术有限公司

中防通用电信技术有限公司，是为国内专业应用物联网技术提供"安全""健康"运营服务的高新技术企业，是中国安全产业协会常务理事单位和物联网分会发起单位。拥有完整的研发体系，已经在以色列、北京、河北怀安、武汉、西安等多个国家和地区建立研发部门和实训基地，同时与工信部安全司、北京邮电大学等多家单位和机构建立了良好的战略合作关系，建立了涵盖周界防范、出入口管理、离岗检测、人数统计、会议信息管理、巡更管理、重点区域入侵检测、火灾安全监测、智能配电、远程中医等多个方面的物联网监控平台，并在云计算、现代通信技术、传感器技术、RFID 技术、智能视频监控技术等多个领域拥有较强的研发实力。

第一节　总体发展情况

中防通用电信技术有限公司，是国内专业应用物联网技术提供"安全""健康"运营服务的高新技术企业，是中国安全产业协会常务理事单位和物联网分会发起单位。

集团公司以"为人类安全护航""为人类健康护航"为企业愿景，经过10 年的产业布局，集团已在安全物联网领域形成比较完整的产业链布局，主要面向全球提供领先的传感器产品、专业的安全产业物联网解决方案与内容服务。此外，旗下还拥有以"服务军工、关注细节"的北京特域科技有限公司、专业从事电能质量第三方咨询服务的北京中电联合电能质量技术中心，集科研、医疗、保健于一体的中国中医远程医疗中心有限公司，专攻能源品质监测的中防通用能源监测有限公司，以及提供安全技术防范、安全防护、安防监控、城市公共安全、城市远程消防等服务的中防通用河北保安服务有限公司。

集团公司拥有完整的研发体系，已经建立以色列研发中心、北京"安全物联网监控管理平台"研发中心、河北怀安"硬件研发·测试·试验·展示·制作·远程运维·培训"基地、武汉"硬件（智能通信终端、智能摄像机）"研发部、西安"光学（紫外、红外、激光）应用"研发部。同时融合产学研，与工信部安全司、北京邮电大学、华北电力大学等机构建立了良好的战略合作关系。

产品通过多项国家专利认证、公安部消防局CCC认证，广泛应用于国防、公安、消防、航空航天、石油化工、基层中医健疗等关键领域，相继取得西昌卫星发射中心、中国文昌航天发射场、天津河北区消防支队、秦皇岛北戴河公共安全监控、北京朝阳区消防支队等多个安消防工程项目。

集团公司的服务网络覆盖海内外，除北京总部外，先后在河北怀安、湖北武汉、湖南长沙、山东济南、四川成都（在建）建立子公司；在天津、陕西西安、河南郑州、内蒙古包头、辽宁沈阳等地设立办事处；海外分支机构遍及美国、意大利、以色列、马来西亚、印尼等国家。

集团公司承建的中国安全产业协会公共安全监控中心于2016年9月正式启动。建成后的监控中心共6层，建筑面积达60000m^2，其中监控指挥大厅的建设面积为600m^2，层高8m，可容纳至少300人同时工作。大厅内的4K高清LED显示屏长10m、高5m，为河北省目前最大的LED显示屏。监控中心的落成，将为建设京津冀一体化安全应急联动指挥体系提供强有力的支持。

中防电信秉承"感恩、责任、忠诚"的责任心，将不断发展技术、完善服务，不断推动物联网技术在安全产业的应用，为人类服务。

第二节　主营业务情况

中防通用电信技术有限公司在物联网、互联网等新时代浪潮的推动下，凭借着高度的集成性和兼容理念，灵活地融合运用各种物联网和云计算技术，整合各种类型的传感设备和应用系统。软件平台服务遵从严谨成熟的四层平台设计体系，集统一指挥、统一建设、统一设计、统一管理和统一服务于一体的优秀特质。其下涵盖应急救援系统、消安防综合监控系统、危化品全程监控系统、矿业安全监控系统、智能配电监测系统、电气火灾监测系统、IDC智能监控系统、远程安全教育系统、企业一体化系统、城市地下管网、食品安全追溯等十几个子系统，软件系统平台涉及安防、消防、民爆、危化品监管、矿产、电力、石油化工、智能配电、食品安全远程中医等众多行业领域，为安全行业提供全方位立体化的解决方案和运营报警服务。

目前，业务主要方向包括周界防范、出入口管理、离岗检测、人数统计、会议信息管理、巡更管理、重点区域入侵检测、火灾安全监测、智能配电、远程中医等十个方面。平台系统具有强大的兼容性与可扩展性，随着业务方向的开辟而不断拓展，建构集安全、高效、统一于一体的综合物联网管理平台。

一、物联网监控平台

公共安全物联网监测预警平台构建完成后功能将覆盖安全产业的各个方面，涵盖平安城市、智慧城市、智慧交通、国家公共安全、森林防火、智能社区、智能楼宇、安全生产、远程医疗等多种领域，服务于个人家庭、商业店铺、行政企事业单位、大型国有企业等提供全方位远程监管服务。

中国安全产业物联网监控平台运用了四项通信技术，包括：短波、微波、互联网、卫星通信，实现全国多网络覆盖，达到四网互通、互联、互助，确保任意时间、任意地点、任意手段均能实时畅通。短波网——用于应急或战时的语音、传真、数据传输。微波网——用于局部小范围内无任何网络的情况下进行视频、图片等大数据传播和网络组网。互联网——用于视频、图片、语音、传感器等数据的实时传输通信。卫星通信——用于 GPS 定位、水平高度测量以及少量数据传输。同时，系统支持 Wi－Fi、电力载波、3G、GPRS 等通信技术，可在小范围内进行数据传播和通信组网。

平台内容主要包含以下几个方面：

平台应用基础设施——运用尖端技术实现对网络互联互通整合，实现信息资源的整合与共享；通过各种感知手段和采集技术实现各区域实时感知、监测的全覆盖。

平台云计算系统——对信息中心数据处理里设备进行增配和扩容，引入集云计算技术、构建集云基础设施、云数据中心、云服务平台于一体的应用支撑云平台，进一步提高信息中心运算处理能力、存储能力、管理能力和资源使用率，实现数据的深度整合和智能分析。

建设智能化安全综合管理信息云平台应用服务平台——打造集安防、消防、智能配电监控、日常工作等于一体的综合管理应用服务，该平台包括周界防护系统、智能视频防护、电子巡更、出入口控制、入侵报警、智能配电监控等系统、值班管理系统等其他应用系统，全面提高信息共享程度和工作效率。

建设智能化安全综合管理信息云平台支撑保障体系——基础网络保障体系、新兴技术保障体系、标准规范支撑体系等。

建设智能化安全综合管理信息云平台信息安全保障体系——平台安全保障体系、服务安全保障体系、终端安全保障体系、管理安全保障体系。

二、硬件产品

中防通用电信技术有限公司的硬件产品长期以来秉持低功耗、高效能、高可靠性和安全性的设计理念，摄像机有效像素支持300万至500万，支持电子防抖，适合各种行业需求。高清球型网络摄像机可达到四路码流同时输出，图像在任何速度下无抖动，支持背光补偿、硬件一体恢复，为全工业级设计。

表21-1　中防通用硬件产品简介

名称	功能
微型计算机	运行前置软件系统、中小企业通信系统、智能视频监控算法，并完成对传感器、摄像机的数据采集和控制等功能。
监控设备	高清网络数字摄像机，用于对监控区域的视频采集和图像采集。
光纤在线监测仪	用于远程接入温湿度、烟雾浓度、有毒有害气体、红外、震动、漏水漏雨等传感器设备。
撤防布防智能终端	为用户提供撤防布防操作终端，同时用户亦可通过智能终端实现远程和楼宇间语音对讲。

资料来源：中防通用，2017年2月。

三、软件系统

公共安全物联网监测预警平台系统按照最先进的分布式云模式搭建，能承载千万级甚至更高的数据量，能适应与各种用户环境，满足不同的用户需求，强大的系统数据及通信保障分析功能，能实时监测用户停电事故的发生，并迅速以短信或电话的方式告知用户。系统整体上分中控系统和前置系统两大部分，中控系统包括：数据存储系统、通信系统、业务逻辑系统以及人机交互系统四大子系统；前置系统包括：主通信系统、辅助系统、文件系统、存储系统以及外围设备通信系统。

前置系统：对各种传感器、摄像机、外界设备、第三方系统的数据采集、计算、存储和数据上传；采用心跳机制实时监测各个设备的工作状态；响应中控系统下发的控制命令，如摄像机转动、各种数据上传、系统更新、系统修复、设备重启等；实时进行告警判断，上传告警数据。

中控系统：实时接收前端系统上传的各种数据；实时处理大数据的并发；实现千万级甚至更高的数据存储；对前置系统、外接设备进行远程控制；获取任意监控点的实时监控视频画面；根据用户需求建立不同大小的云端服务平台；实现分行业管理、分业务管理、分功能管理、分需求管理，根据实际项目需求对其进行配置和划分，将其划分成不同子系统，如：可将所有环保监测数据进行划分，构建成环保监测系统，和环保部门做数据对接；可将所有消防监测数据进行划分，构建成消防监测系统，和消防局做数据对接。

四、外界传感设备

外界传感设备集群是平台感知层建设的重要基础。根据实际系统需求新增的智能感知设备组成的智能感知网络，实现整个平台运行动态实时监控和信息采集，做到"无盲区，无死角"的全方位监控。

根据平台的实际功能需求及系统性建设条件，感知层的设备应用主要集中在以下方面：

通过引入 RFID 技术，实现对重要人员、物资（如车辆、外来车辆、临时人员、工作人员等）的信息化和智能化实时管理。

通过二代身份证闸机、身份核录仪、生物特征识别技术等，实现内部及外部的出入口控制、行为管理等功能，大大加强安全防范。

传感器设备（如烟感、温感、摄像头、报警主机等等）实时反映被监测物体的参数，高灵敏度特性利于及早发现安全隐患，及时排除，将损失降到最低，保障人员及设施的安全。

引入物联网传感技术，通过电子围栏、电子腕带、语音围栏、红外探测等技术，实现对周界、重要场所等的非法入侵报警的智能防范。

视频监控摄像头覆盖整个区域范围，通过对其增加传感和智能分析功能，形成安全的神经末梢，实时提供周边及内部的动态监测。

通过引入传感器技术，在供水系统、管道等各系统中嵌入传感器，传输各种感知和报警信息，打造集监控、图像分析、智能处理、主动报警等多功能于一体的物联网预警监控体系。

通过引入或使用现有的消防报警联动主机，实现对各类消防传感器的信号采集，并及时触发报警，将火灾扑灭在萌芽期。

通过使用电气火灾监测仪表，及时发现并排除电气火灾隐患，保障电气设备及人员的安全。

通过使用智能配电监控仪表，实现实时电能质量参数采集分析，保证电气设备的用电安全，防止带来不必要的损失。

第三节　企业发展战略

一、引进先进技术

（一）云计算技术

云计算是基于网络的相关服务的增加、使用和分流模式，通过网络来提供动态易扩展且虚拟化的资源。云计算甚至能达到每秒 10 万亿次的运算能力，强大精确的计算能力可以模拟核爆炸、预测气候变化和市场发展趋势，用户也可以通过电脑、笔记本、手机等方式接入数据中心，按自己的需求进行运算。

（二）现代通信技术

通信工程专业主要是研究信号的产生，信息的传输、交换和处理，以及计算机通信、数字通信、卫星通信、光纤通信、蜂窝通信、个人通信、平流层通信、多媒体技术、信息高速公路、数字程控交换等方面的理论和工程应用问题。现代通信技术起始于 19 世纪，随着现代技术水平的不断提高而得到迅速发展。

（三）传感器技术

传感器技术是智能防范管理系统感知层核心技术，是感知事件的主要手段。各种传感器的引入，将使平台安防、消防管理变得更加智能，是平台应用智能化、信息化建设的重要举措。

（四）RFID 技术

RFID 技术作为物联网感知层核心技术，通过射频信号实现无接触信息传递并通过所传递的信息达到识别目的，在实现智能主动式监控、重点人员、车辆定位管理上有独特的优势。

（五）智能视频监控技术

智能视频监控技术是计算机视觉和模式识别技术在视频监控的应用。它主要是对视频图像中的目标进行自动检测、跟踪和分析，从而使计算机自动过滤掉用户不关心的信息，通过诸如火焰检测、通道占用检测、离岗检测、开关门状态检测、疲劳度检测、入侵检测、震动检测、物体遗留检测、打架斗殴检测、骚动、奔跑检测、可疑人员徘徊检测、范围聚众检测、车牌检测、目标跟踪检测、车辆逆行检测、物体分类检测、亮度检测、颜色检测等丰富的智能解析技术分析理解视频画面中的内容，提供对监控和预警有用的关键信息。

（六）周界防范技术集群

在科技还没有足够发达之前，大多数场所为了防止非法入侵和各种破坏活动，都只是在外墙周围设置屏障（如铁栅栏、篱笆网、围墙等）或阻挡物，安排人员加强巡逻。目前，犯罪分子利用先进的科学技术，犯罪手段更加复杂化、智能化。传统意义上的防范手段已难以适应要害部门、重点单位安全保卫工作的需要。因此，随着科学技术的发展推动，各种周界探测技术不断出现，各种入侵探测报警系统融入到安防领域，成为安防领域的重要组成部分——"周界防范"。周界防范即在防护区域的边界利用周界防范技术集群如微博墙技术、红外对射技术、电子脉冲技术、张力网设计、震动电缆技术、电子巡更技术等形成一道可见或不可见的"防护墙"，若当有人通过或欲通过时，相应的探测器立刻会发出警报信号送法安保值班室或控制中心的报警控制主机，同时发出声光报警、显示报警位置的范围。

二、采用合理的生产模式

公司根据信息电子产品的生产特点以及市场响应速度要求，合理进行资源配置和利用，在"基线产品＋定制产品"的基础上形成了"自主生产＋外协加工"的生产模式。视频监控产品生产的核心环节包括两部分，一是以公司自行研发的以编解码技术、视频采集技术等各类技术为基础的价值实现过程，包括产品的系统（整机）设计、产品的机械结构设计、电子电路的设计开发、嵌入式软件的设计开发以及生产工艺的设计；二是产品的高技术含量工序，即软件嵌入、PCBA件检测、部件电装、联机调试、成品调试检测等环节。

三、推出前端的高精产品

经过对市场的深度研究，中防电信引进国外先进技术，以高于同行业的技术规格成功推出多种高端产品。目前，公司产品分为四类：智能通信监控终端、监控设备、光纤在线监测仪以及配套产品。这四类产品在工业自动化、物联网、智能交通、网络安全、医疗设备等领域都可以得到广泛应用，为推动我国安全产业基础设施建设与发展做出努力。

中防电信推出的微型计算机以其低功耗、高性能、高可靠性、安全性和强拓展性，一面世便得到市场的一众好评。光纤光栅在线监测预警系统具抗电磁干扰、高绝缘性等特点，可对运行状态下的电力设备进行直接检测和故障定位，检测既不影响系统正常运行，又能直接反映运行中的设备状态，广受市场好评。从软件、硬件到系统，中防电信都可以根据客户需求进行专业化的定制服务，提出专业的解决方案，解决客户之所需。

第二十二章　中安安产控股有限公司

中安安产控股有限公司是一家国有控股公司，承担着引领、撬动安全产业发展的龙头企业职责。该公司以安全产业的投资服务为主营业务，推出风险评估、安全培训、投融资等，不涉及具体业务，并对项下业务平台进行管控。公司通过下设"五大板块（集团）＋互联网"开展业务，分别是：科技板块、建设板块、投资板块、实业板块、培训集团、"互联网＋安全"产业。坚持生态发展战略，形成了 8 大业务：防护栏、停车场、加油站、光伏、装配式及被动式房屋、安全新材料及工程、基地建设、"互联网＋安全"产业。此外，公司通过融资租赁、产业基金、发债等传统金融和投行业务，坚持项目策略、生态策略、平台策略，两年就形成了百亿级的综合产业集团格局。

第一节　总体发展情况

中安安产控股有限公司是经工信部、国家安监总局同意，由工信部赛迪研究院、国家安监总局安科院、国家商业网点中心、中国安全产业协会共同发起设立的一家国有控股公司，于 2014 年 10 月 29 日登记成立，公司依托科技创新，实现信息化、产业化、市场化、金融化深度融合，提升改造智能安全产业；推出风险评估、研发生产、融资配送、培训实训等服务，是以安全与应急产业投资服务为主导，集研发、生产、投资、服务于一体的大型投资集团公司。

中安安产控股有限公司专门致力于推进安全产业及公用事业发展，以资源、资本为管控核心，开发对接整合资源，设计规划吸纳资本，同时按照广义全面预算（战略量化预算管理、业务量化预算管理、人力量化预算管理及财务全面预算管理等）严格管理项下业务板块投资决策及法务合规程序。其人员组成精干精简，除特殊岗位外，均可由专业平台选调，力求管理扁平高效。控股公司不涉及具体业务，仅以投资人身份对业务平台进行参/控股，并遵循现代企业公司治理原则对项下业务平台进行管控。建立决策机制，以决策控制程序为准，依据全面预算综合判断，以各业务平台为主体，独立经营。

以此，保持控股公司的高层面及单纯性，最大限度发挥国有控股平台的标志性作用。

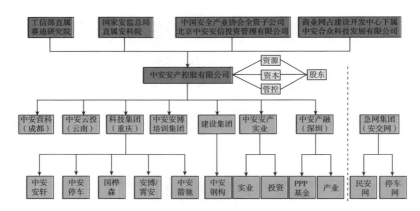

图22-1 中安安产控股有限公司运营结构图

资料来源：中安安产控股有限公司，2017年1月。

同时，在相关部委及金融机构的产业政策支持下，中安安产控股有限公司根据产业发展规律和社会需求，依托市场化运作模式，本着对安全产业的深刻理解，联合国内各行业领先的大型央企、国企深入开展合作，共同推动安全产业发展。

表22-1 中安安产控股有限公司财政情况

财务指标 财年	营业收入情况		净利润情况	
	营业收入（亿元）	增长率（%）	净利润（万元）	增长率（%）
2014				
2015	4.7		8365.9	
2016	5.1	9.4	9156.8	9.5

资料来源：赛迪智库整理，2017年1月。

第二节　主营业务情况

安全产业绝非仅以安全为单一项的产业，安全存在于各行业及专业领域，安全产业的发展必依托于各行业及专业领域的发展。

中安安产控股有限公司通过下设"五大板块（集团）＋互联网"开展主营业务：

科技板块（集团）：秉承"科产融合，安行天下"的企业文化理念，依托国家级平台资源，从事安全科技产品研发、制造、推广、服务等业务并形成了一定规模。其中生命防护栏工程立足重庆，辐射云、贵、川、藏等西南部地区；智能立体停车场通过城市总包、风景区项目以点带面、辐射全国；本质安全的橇装加油站遍布农村；与中国建科院合作二代光伏光热一体化、智能井盖市政等项目正在推进；推广安全科技产品、服务安全产业基地。

建设板块（集团）：以绿色环保节能减排的新型智能化建设为发展目标，致力于全国安全（应急）产业基地建设，并通过云南红河州扶贫等示范，打造中安品牌康养营地，推广建设智能立体停车楼、被动式房屋、碲化镉二代光伏薄膜建筑构件及光热一体化工程、钢结构镶嵌 ASA 板装配式住宅建筑体系等新兴能源与绿色环保建筑等。

投资板块（集团）：打造中安股权投资、安全产业发展基金，港资控股的融资租赁公司，通过股权债权投资、内保外贷、直租回租、接债等方式，优化资产结构，为产业发展提供强有力的资金保障。

实业板块：中安实业公司以城市发展建设、公用事业及基础设施（如智慧城市、轨道交通、高等级公路、立体智能停车场、道路安全防护、环境治理）等为主要投资领域，面向各省、自治区、直辖市以"总对总"方式落地各类产业项目，利用资本、科技、创新模式等综合优势发展各专业领域项目，提升安全产业水平。中安实业公司主要业务分为城市安全、交通安全、港口安全、信息安全、人居安全、环境安全、生命安全七大板块。

培训集团：依托中国安全产业协会的专业性指导、安博教育集团成熟的教育模式和国际性资源，标准化入手，弘扬安全文化，建立教育培训实训体系，线上科普和线下场馆实训相结合，搭建体验式营销一体化平台；以中国安全产业协会、新华网等主办，中安安博公司承办安全行业和产品会展、论坛；为地方城市提供安全评估、咨询和解决方案，免费评估，收费咨询。

"互联网＋安全"产业：利用中安急网信息技术有限公司的互联网、物联网、大数据、云计算等新一代信息技术手段，并与中国网库集团、慧聪、颐高、淘金时代、中智汇等知名互联网公司深度合作，建设运营国内第一个"互联网＋安全应急产业"互联网服务平台——安交网，打造首个安全要素交易平台，引导和投资安全应急创新示范项目的建设。

各平台板块在业务方面互相支持，通力合作，利用专业优势，最大限度整合专项资源。同时各平台以独立法人公司合作模式为准，业务清晰划分，独立经营，各自成章，责任明晰。以此确保业务独立完整，并最大限度可控风险。

第三节　企业发展战略

中安安产控股有限公司立志敢为天下先，闯出一条适合我国国情、解决我国安全领域普遍问题的创新发展之路，推动安全产业的全面的供给侧改革和本质安全进程，力争实现"保安全、促增长"的战略目标。

在这样的背景、高度、基础之上和缜密大胆、富于开拓精神的设计理念指导之下，中安安产控股有限公司逐步形成了涵盖安全产业所有动静态要素的企业集团格局和产业集群实体。

中安控股集团于 2017 年制定了生态发展战略，即 4 大集团、8 大业务、16 亿净资产，具体内容如下：

（一）筹备 2 个公司上市

以 IPO、新三板、上市并购重组等资本运作方式，全面推进防护栏、停车场公司的快速发展。

（二）形成 4 大集团

1. 投资集团：以算得过账、融得到资、走得了路为原则，发起基金、融资租赁、发债、信托、保理等投行业务。

2. 建设集团：以安全新材料、工程为主营业务，通过项目管理、工程以及安全新材料的制造、销售获取收益。

3. 科技集团：安全科技项目投资及管理、推广。

4. 培训集团：安全场馆，线上线下。

（三）开展8大业务

1. 防护栏

中安安轩安全产业发展有限公司，积极推进和创新道路防护栏"生命工程"投融资业务模式，专注从事全国各地防护栏"生命工程"项目投资和服务，目前公司已与重庆市及四川省、贵州省20余区县签订防护栏"生命工程"项目投资建设合同7000余公里、涉及危险路段3万余公里，投资金额近10亿元。同时，在2017年将与西藏天海集团合资，取得相关工程资质及西藏项目；全力争取西藏桥梁加固项目；与中交合资生产新安标防护栏并成为高新技术企业，通过标准入手倒逼产业转型升级，实施平台战略，引领行业发展；收购、合作标识标牌厂拓展业务；取得相关生产资质及标准；千方百计开拓云南等市场；期货套期保值，控制成本。

2. 停车场

中安安产智能停车服务有限公司作为行业新秀，大胆创新，开启智慧城市、智慧停车之先河，打造全国第一家集研发、集成、设计、生产、投资、建设、营运、维保、监理于一体的国有控股企业。计划完成碧津公园及新增点位、北碚及主城区、小南街、海螺沟、拉萨天海、香格里拉项目；启动四川宜宾医院、雅江、稻城及昆明西山、昆明长水国际机场停车楼改扩建项目、云南省新闻出版集团项目、蒙自、石林、玉龙雪山、丽江古镇、大理、泸沽湖、智慧小镇、绵阳、都江堰人民医院项目；同时依托协会分会、研究院、监理、集成基地、运营、维保，组建专业服务公司拓展对外业务，走生态发展之路并与央企及上市公司合作。

3. 加油站

中安安博能源发展有限公司，致力于发展集汽车智能充电、阻隔防爆橇装式加油于一体的安全环保新能源项目，根据国家安监总局、质检总局、住建部、交通部等四部委及各省市"关于推广应用阻隔防爆撬装式加油装置"有关文件和会议精神,为缓解城乡偏远地区加油站点少、加油难等问题,并为交运中心、物流园区零公里加油和大型企业等有特殊需求的客户提供解决方案。从而打造中安产石化品牌;推进四川内部站和云南农村站建设;创新融资租赁模式。

4. 光伏(组件、构件、光热一体化)

中安箭驰新能源发展有限公司,与中国建科院、杭州龙焱公司合作,落实项目选址,引入央企合作投资组件工厂化解风险,致力于碲化镉薄膜光伏建筑构件的生产及光伏建筑一体化包括光伏建筑(BAPV)和光伏幕墙(BI-PV)的推广及其他光伏应用领域产品的应用,同时运用融资租赁手段解决资金,先期制造建筑构件并取得知识产权,控股引进世界领先技术、国内成功的第一条碲化镉薄膜光伏组件规模生产线。

5. 装配式及被动式房屋

建设集团应国家住建部要求,全力开展装配式房屋建造工作;同时打造中安品牌被动式建筑,实现绿色、环保、经济、舒适、健康的居住环境。全力推进扶贫示范,建农民买得起的房子;加快巴南中安营地开发、西部安全谷建设;选址宜宾建设基地,辐射西南。

6. 安全新材料及工程

中安控股公司将收购鸡冠石建筑公司及鼎典加固公司并取得工程资质;承接停车场、加油站建设及装修工程;同时兴办西南(宜宾)轻型墙板工厂及装配式、被动式房屋基地、新安标脚手架基地,建设巴南(调规)、蒙自、宜宾中安健康营地;全力争取国家发改委立项宜宾县横江古镇工程;取得二代光伏应用项目知识产权,推广建筑构件示范工程;启动智慧安全城市建设。

7. 基地建设

完成亦庄科技产品展示入驻,开设合川安全大卖场旗舰店,加快巴南中安营地开发、西部安全谷建设、宜宾石城山中安健康营地建设,启动云南应急产业基地建设。

8. "互联网＋安全"产业

中安急网信息技术有限公司通过参股慧聪民安网,共同打造我国安全应急产业的第一个细分垂直行业电子商务平台——中国消防网,并与停车场公司、网库集团合作，共同建设运营中安停车网，依托停车协会的资源支撑，为业内 470 家厂商、研究院提供设备购销、营运、维保以及停车商业配套服务和增值服务。在安科院的指导下，建设特种劳动保护认证产品的推广应用电子商务平台——特护网，建设规范专业的特种劳动防护互联网交易市场，促进劳动保护产业的升级换代，全力保护劳动者的生命和健康安全。在合川、亦庄、马鞍山、云南、西部安全谷等地与颐高、淘金、中智汇合作建立安全连锁卖场；同时创建脚手架租赁网、食品安全网——舌安网、网络安全产业学院，并提供互联网金融服务。

（四）16 亿净资产

中安安产控股公司通过短短两年时间，业务快速发展，取得了令人瞩目成绩，2017 年净资产总计将达到 16 亿元。

（五）资金保障

通过融资租赁、产业基金、发债等传统金融和投行业务，与央企新兴集团、中集集团、北汽集团、中技集团、中冶集团及中科集团合作及引进其他战略合作伙伴，同时申请地方政府扶贫资金等多种手段，作为资金保障方式。

（六）三种策略并举

项目策略：中安科各专业公司对应开展各项目工作；平台策略：形成区域投融资分中心；生态策略：全面引入新兴、北汽、中集、中技、中冶建工等央企集团及政府平台，整合资源、开放合作，坚持"三不"投原则：一是争取政府回购项目，没有政府平台合作不投；二是没有央企等有实力的合作伙伴不投；三是不符合项目标准不投。

（七）管理模式

中安安产控股有限公司各平台专业公司为项目投资建设及融资主体；建立投融资中心（中安产融）、依托各区域投融资平台中安营科、中安云投、中唐国汇等拓展并实施投融资业务和项目管理。

仅仅两年的时间里，一个立足万亿安全产业、涵盖全产业链的百亿级综合性产业集团格局已然形成。

第二十三章　万基泰科工集团

万基泰科工集团以城市公共安全为业务领域，大力发展智能科技，以城市管网的智能监测产品线为重点开发目标，并拥有多项自主知识产权成果。集团经营范围广泛，包括金融、科技输出、矿产能源、国际贸易、房地产等，在北京设有三家分公司，在重庆设有一家分公司，在天津设有两家分公司，在香港设有两家分公司。集团已经建立了地下空间安全领域、地面空间安全领域和城市低空安全领域的"三维六度"城市立体空间安全保障体系，以及城市安全保障云管理平台。

第一节　总体发展情况

一、发展历程与现状

万基泰科工集团，总部位于首都北京，是一家"平安中国、智慧中国、环保中国、美丽中国"整体解决方案集成商。集团拥有智能科技研究院及多家国家高新技术企业，培养了一支博导、高工为主体的专家技术团队，设有博士后工作站和研究生实习基地。目前集团正式职工 389 人，具有各专业中高级职称 58 人，研究生以上学历 168 人（与国内外高校及科研院所联合培养），同时聘请了多名享受国务院政府特殊津贴专家作为企业的长年研究顾问。

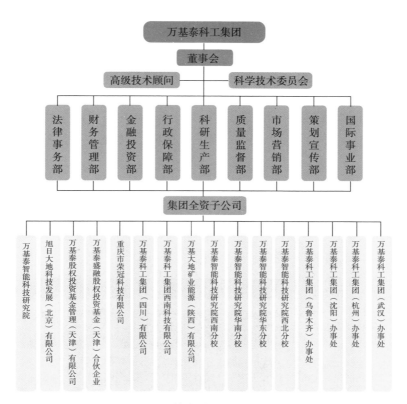

图 23－1　万基泰科工集团组织架构图

资料来源：万基泰，2017 年 2 月。

图 23－2　万基泰科工集团全国覆盖区域分布图

资料来源：万基泰，2017 年 2 月。

集团基于智能科技研究院及国内外知名高校和科研院所成熟的"产学研用"相结合机制，在城市公共安全预警及控制关键技术系统与装备方面，拥有完整的独立自主知识产权和核心技术，取得近百项软件著作权和国内外专利，并建有完善的产品测试中心和中试生产线，能够快速实现科研成果的推广转化，目前集团智能科技研究院正在积极参与国家重点研发计划"公共安全风险防控与应急技术装备"专项、"城市地下综合管廊安全防控技术研究及示范"项目。

集团下设拥有国际金融投资服务机构，充分利用国家财政优惠政策助力高科技研发和实业发展。目前集团已在全国多地承担了住建部、科技部、工信部、国家安监总局等部委一系列智慧城市示范工程，并主持了一系列国家重大课题，主编了国家标准与行业标准。

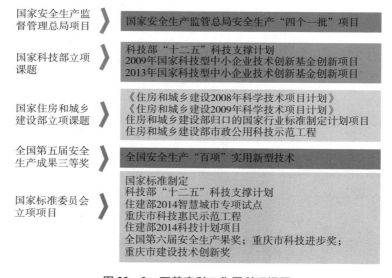

图23-3　万基泰科工集团科研课题

资料来源：万基泰，2017年2月。

二、生产经营情况

万基泰科工集团在2014年营业收入0.8亿元的基础上，2015年继续保持持续高增长，万基泰科工集团发布的2015年业绩报告显示，公司营业收入1.1亿元，比2014年增长37.5%。

表 23 – 1　万基泰科工集团 2013—2016 年营业收入及净利润表

财务指标 财年	营业收入情况		净利润情况	
	营业收入（亿元）	增长率（%）	净利润（万元）	增长率（%）
2013	0.6	20	1200	20
2014	0.8	33	1600	33
2015	1.1	37.5	2200	37.5
2016	1.6	45.5	3200	45.5

资料来源：万基泰科工集团 2013—2016 财报，2017 年 2 月。

第二节　主营业务情况

集团核心业务聚焦城市公共安全领域，以城市管网安全智能监测产品线为重点开发目标，在地下危爆气体实时监控预警领域拥有众多自主知识产权成果。经过多年技术积累和自主知识创新，集团研发领域覆盖地下、地面、低空安全，形成了理念先进的"三维六度"城市立体空间安全保障体系和城市安全保障云管理平台。集团聚焦城市公共安全，首创"上管天上飞，中管地上跑，下管地里藏"的"三网"全覆盖建设理念，三张安全网包括：

地下空间安全领域：城市地下高危管线综合管理监控及隐患排查系统、城市燃气管网激光监测系统、城市地铁安防、人防安全防灾及监控预警系统。

地面空间安全领域：危险品车辆监控与应急联动系统服务、安全生产监管物联网应用系统、智慧消防在线监控、会员制街道停车库系统、智能交通及视频解析中心平台（包含三维动态人脸识别技术）、桥梁/隧道安全实时在线监控及管理系统、重点建筑周域主动式防御监控系统、智慧监狱、平安社区。

城市低空安全领域：小型化低成本无人值守低空监视雷达组网、构建多种监视手段融合的低空安全监视天网、低空数据信息服务。

万基泰科工集团凭借领先的技术优势与深厚的行业积累，2015 年 10 月 22 日与泸州市江阳区政府在江阳区会议中心成功签署"平安江阳 智慧江阳"战略合作协议，成功落户了国家智慧城市专项试点示范工程，全力建设城市安全智能综合管理平台，给全国其他城市提供一个推广应用示范平台，围绕城市公共安全主题，精准诊断、智能治理城市顽疾，精细管理城市，建设城市地下、地面和低空三张安全网。

城市安全智能综合管理平台示范工程项目（以下简称"示范工程"）以全面打造"平安城市·智慧城市·三张安全网"为目标，按照智慧城市建设的理念，以物联网和云计算技术为基础，运用电子信息技术、人工智能技术、工业自动化技术，为社会公共安全、企业生产安全等领域提供一种科学化、智能化、精细化综合体系，目前"示范工程"在西部各省市正逐步推广。

第三节　企业发展战略

集团以"为国而思、为民而想"为宗旨，秉承"安全发展、科技创新、引领未来"理念，以"总体规划、整体建设、全面监控、智能处置、精细管理"为指导原则打造城市地下、地面、低空三张安全网，保障城市快速发展、安全运营，助力政府构建平安、智慧、环保、美丽的新型智慧城市，为人民安居乐业保驾护航。

第二十四章　江苏八达重工机械股份有限公司

江苏八达重工机械股份有限公司是一家集科研、开发、生产、销售、服务于一体的特种重型装备制造公司，主营业务为物流、搬运、抓料、打捞、抢险等特种工程机械产品的开发、生产和销售。目前产品共八大类九十多种规格。其中机、电混合型"双动力"驱动的主导产品含有多项企业自有知识产权。多种具有自主知识产权的特种、成套装备连续五年出口美国、俄罗斯、缅甸、尼泊尔、印尼、哈萨克斯坦和乌克兰等国家。

第一节　总体发展情况

江苏八达重工机械股份有限公司是一家科技型股份制企业。始建于1986年，企业最早从事物流运输业务，1993年转型物流装备制造业。2006年公司重组，成立了江苏八达重工机械有限公司，2012年完成股份制改造，注册资本5573万元，在天津股权交易所挂牌交易。

八达重工为国家火炬计划高新技术企业，企业建有国家级博士后科研工作站、江苏省院士工作站、江苏省研究生工作站、江苏省机电双动力工程机械技术研究中心、公安部应急救援装备重点试验室试验基地等科研平台。

公司创始人、董事长兼总经理陈利明是一位科技型企业家，也是国家"十二五"科技支撑计划项目——大型救援机器人研制项目负责人。当选为江苏省科技型企业家、省"333"人才工程国家级拔尖人才培养对象，分别获得"尤里卡"世界发明博览会金奖、国家"发明创业奖"，并被中国机械工业联合会授予"全国机械工业优秀企业家"称号等荣誉，2016年又被批准为国家"万人计划"的创新创业人才。

经过多年的发展和积累，公司研制的具有自主知识产权的油、电双动力物流装卸机械、抢险救援机械等主机产品已达九大系列60多个规格型号。企业合计申报专利57项，已获专利授权30项，其中发明专利13项。

2008年，八达重工与多家高校、科研机构及大型企业集团成立了产学研合作联盟，并牵头申报了国家"十二五"科技支撑计划——大型系列化救援机器人研制项目。该项目2010年列入国家"十二五"科技支撑计划。经过三年精诚合作及艰苦研发，2014年完成大中小三种规格，履带式、轮胎式、轮履复合式不同底盘的世界最大系列救援机器人产品研制，并通过国家项目验收。

作为中国散货装卸机械和应急救援装备行业的科技小巨人，八达重工始终奉行"产品代表人品，先做人、后做事；廉洁、正直，为善足力、为义足智。争取不乏仁让，经营不缺道义""平等互利、共同发展"的经营宗旨，每一件产品都融入创新和超越的理念，每一个市场都是开拓和引导的结果。以顽强的生命力走出了自己的一片天地，为中国节能环保型新兴物流产业和安全应急产业的发展作出了贡献。

第二节　主营业务情况

一、主营业务

八达重工主要从事油电混合"双动力"特种工程机械、散货物流机械、抢险救援机器人及厂内机动车辆的设计、制造、销售及租赁服务业务。八达重工坚持以科技创新引领行业发展，始终居于开拓和领军地位。在中国：八达重工是最早研制抓料机的单位；八达重工是中国最早研制油电"双动力"驱动技术发明单位（公司前身于1994年获得该项技术第一代国家专利权，2003年又获得该项技术第二代国家发明专利权）；八达重工是世界最大的救援机器人系列化产品成功研制单位（于2005年联合机械科学研究院，向国家提出可研报告，2010年列入国家科技支撑计划项目，2014年研制成功并通过国家项目验收）；八达重工是有关"电气化高速公路"项目的发明及倡导单位。

二、产品介绍

(一) 油电"双动力"系列抓料机

八达重工研制的油电"双动力"系列抓料机产品,主要用于铁路、港口码头、料场装卸和堆、拆垛作业;配置有内燃机和380V电动机互换作业的"双动力"系统;电动作业可选用防爆电机、全封闭电气,安全防火,并比内燃机作业节省60%的能耗;可快速更换不同的液压抓斗,实现一机多用功能。

(二) 抢险救援机器人产品

八达重工历时三年,共投入6000万元研制的系列化救援机器人,具有双臂、双手协调作业,可以在自然灾害和事故现场实现剪切、破碎、切割、扩张、抓取等10项功能,还具有无线遥控作业、生命探测、图像传输、故障自诊等功能实施快速救援。目标是面对各种应急救援现场,实现"进得去、稳得住,拿得起、分得开、救得出",最大限度地保护人民生命财产安全。

八达重工救援装备在雅安地震灾区和深圳滑坡事故救援现场发挥了不可替代作用,受到国务院领导的充分肯定和军方武警部队高度关注,在2016年成功列装基础上,2017年1月13日,八达重工与武警部队在北京签署"军民深度融合战略合作协议"。

三、企业产业化项目介绍

目前,八达重工是我国工程机械行业科技研发最活跃的创新型混合所有制股份公司。所研制的油电"双动力"工程机械驱动技术、系列化救援机器人等产品具有完全的自主知识产权,完全符合目前国家提倡的节能、环保、智能制造和应急产业发展相关政策。针对近年来国内市场低迷的困境,八达重工着重开拓了国际市场,相关抓料机产品连续出口东欧、美国及东南亚市场。特别是八达重工研制的系列化救援机器人产品,成功列装到武警交通部队,一年两次实现采购,并与武警部队签订了"军民融合重点项目合作协议"。意味八达重工救援机器人已全面进入武警部队,对未来进入我国公安消防、民政地震救援,最终列装到解放军总装备部等各应急救援体系,对实现救援机器人产业化的意义重大。

为了尽快实现油电"双动力"系列工程机械、大型救援机器人的产业化目标，八达重工计划将主导产品向徐州工程机械基地战略转移，一期实施年产 500 台大型救援机器人、工业机器人和抓料机产品。项目建成可实现年销售额 13.8 亿元，利税 2 亿—2.3 亿元。目前已实现小批量销售，计划达产期为 2020 年。

第二十五章　北京韬盛科技发展有限公司

北京韬盛科技发展有限公司成立于 2007 年，注册资本 4325.96 万元，总租赁资产 4 亿元，是专注于智能化高端建筑装备与安全技术应用的国家高新技术企业和中关村高新技术企业。企业主营业务有集成式电动爬升模板系统、工具式液压顶升模架平台、集成式升降操作平台和附着式升降脚手架等，产品具有经济性强、装配及操作简便、整体安全水平高的特点。韬盛科技技术装备成功应用于广州东塔、天津 117 大厦、武汉绿地中心、天津周大福中心、中国尊等高层和超高层标志性工程建设中，已成为中国模架装备技术开发应用龙头企业之一。韬盛科技已获得发明、实用新型等各类专利近 40 项，参与国家标准及行业标准 4 项，获批成立了公司下属的科学技术协会，具有较为丰富的研发经验和较强的自主研发能力。

第一节　总体发展情况

一、发展历程与现状

北京韬盛科技发展有限公司（以下简称"韬盛科技"）成立于 2007 年，注册资本 4325.96 万元，总租赁资产 4 亿元，是专注于智能化高端建筑装备与安全技术应用的国家高新技术企业和中关村高新技术企业。韬盛科技业务遍及全国及海外市场，是一家行业领先的现代化企业集团。

韬盛科技始终专注于高层和超高层建筑模架装备技术的研究与应用，陆续开发了附着式升降脚手架、集成式升降操作平台、集成式电动及液压爬升模板系统、顶模挂架、铝合金模板系统等产品系列。韬盛科技技术装备成功应用于广州东塔（532 米）、天津 117 大厦（597 米）、武汉绿地中心（636 米）、天津周大福中心（530 米）、中国尊（528 米）等一大批高层和超高层标志性工程，已成为中国模架装备技术开发应用龙头企业。截至目前，韬盛科技已获得发明、实用新型等各类专利近 40 项，参与国家标准及行业标准 4 项，相关企业技术标准已编入国家标准《租赁模板脚手架维修保养技术规范》（GB50829—2013）、行业标准《建筑施工工具式脚手架安全技术术规范》（JGJ202—2010）、协会标准《独立支撑应用技术规程》（CFSA/T04：2016），以及中国工程建设协会标准《附着式升降脚手架及同步控制系统应用技术规程》。

韬盛科技先后获得"北京市企业技术中心""北京市专利试点单位""北京市高新技术成果转化项目认定""北京市企业研究开发项目鉴定""北京市通州区 2011—2013 年度纳税额千万元以上企业""中关村瞪羚企业""中关村国家自主创新示范区新技术新产品""中关村科技园区企业信用评级 Azc""ISO9001 质量管理体系认证""ISO14001 环境管理体系认证""OHSAS18001 职业健康安全管理体系认证""建筑施工安全技术科技进步一等奖""贯彻实施建筑施工安全标准示范单位"等 80 余项殊荣。

韬盛科技秉承"品质赢得信任，服务成就卓越"的经营理念，坚持"以管理促发展，向科技要效益"的科学发展观，打造"积极、敢当、进取、团结"的坚强团队，践行"推动行业发展，履行社会责任"的企业宗旨。通过 10 年不懈努力和不断创新，形成了以集成式电动爬升模板系统、顶模系统、集成式升降操作平台、附着式升降脚手架、铝合金模板系统、带荷载报警爬升料台等为主导的系列产品，为建筑施工本质安全保驾护航。

二、生产经营情况

韬盛科技 2016 年营业收入达到 36119.95 万元，同比年增长 43.04%。韬盛科技 2015 年净利润增长达到 53.29 万元，同比增长 –2.09 %。2016 年净利润为 1726.4 万元，同比增长 –30.97 %。

表 25 - 1　韬盛科技 2012—2016 年营业收入及净利润表

财务指标\财年	营业收入情况		净利润情况	
	营业收入（亿元）	增长率（%）	净利润（万元）	增长率（%）
2012	1.84	91.67%	2911.27	57.95%
2013	1.89	2.72%	3253.65	11.76%
2014	2.37	25.40%	2551.17	-21.59%
2015	2.53	6.75%	2497.88	-2.09%
2016	3.61	42.69%	1724.4	-30.97%

资料来源：韬盛科技，2017 年 3 月。

第二节　主营业务情况

韬盛科技秉承"品质赢得信任，服务成就卓越"的经营理念，坚持"以管理促发展，向科技要效益"的科学发展观，打造"积极、敢当、进取、团结"的坚强团队，践行"推动行业发展，履行社会责任"的企业宗旨。

通过九年不懈努力和不断创新，韬盛科技形成了以集成式电动爬升模板系统、顶模系统、集成式升降操作平台、附着式升降脚手架（TSJPT9.0 型）、铝合金模板系统、带荷载报警爬升料台、施工电梯监控系统、工具式盘梯等为主导的系列产品。

一、集成式电动爬升模板系统

韬盛科技创新研制的集成式电动爬升模板系统有效解决了同类产品"不能同步控制、液压油泄漏、防坠落缺陷"等行业难题，具有构造简单、安拆方便、自动操控、智能防坠和经济性强等特点。

专业优势表现在以下方面：模板不落地操作，适用于超高层核心筒施工；提升系统模板开合牵引系统采用电动葫芦自动往复循环系统，操作简便、效率高、同步性好；整体全钢结构，避免消防隐患，无须钢管扣件；采用单元折叠的方式，现场安装方便；升降采用智能荷载控制系统和遥控控制操作，更便捷、更可靠，实现人员不上架操控；导轨及支撑架分别设置防坠，导轨采用摆块防坠，支撑架采用星轮防坠，结构简单、直观，可靠性高。

二、顶模系统

工具式液压顶升模架平台主要包括模板系统、承重系统、顶升系统、模板开合系统和液压控制系统。

模板系统包括模板和脚手架；承重系统包括上部承力桁架、中部承力梁和下部承力梁及相应的辅助运动构件；顶升系统包括液压双作业油缸和液压泵站及管路；模板开合系统包括滑轨、滑轮、上下微调装置和牵引设备；液压控制系统包括同步控制器和快开阀等。

核心优势为模架平台形成一个封闭、安全的作业空间；模架平台通过液压顶升系统完全自爬升，减少了施工过程中对塔吊的依赖，减少了人工作业，对整体工期极为有利；模架平台实现变截面处模板的变换极为方便；模架平台各自独立，支撑点少，便于控制单个平台的同步提升；模板采用定型大钢模板、辅助阴阳角模和钢骨架木面板补偿模板，可以便于模板收分及拆装；模架平台采用工具式桁架和定型脚手架，安拆简便，周转灵活，成本较低。

三、集成式升降操作平台

韬盛科技发明"转向折叠""部件式拼装"技术，研制出具有国际领先水平的集成式升降操作平台，它实现了智能化操控、架体转向折叠等功能。

整体全钢结构，避免消防隐患，无须钢管扣件；工厂化预制生产，标准化定型装置；采用单元折叠方式，操作简便迅速；不仅外形更美观，且文明施工效果更显著。

专业优势方面：节省40%—60%的劳动力，有效解决施工人员紧缺、建筑人工成本日趋增长的问题。

架体特点方面：1. 按楼层高度定制脚手板操作层，使操作面与楼层相适应，在平台架上如同楼内作业。2. 将高空组装作业改在地面进行，基本避免了危险高空作业。3. 动力升降装置采用电动葫芦往复循环系统，无须人工搬运。4. 升降采用智能荷载控制系统和遥控控制操作，更便捷、更可靠，实现人员不上架操控。5. 独有星轮防坠落附墙支座，安全性高，全天候防坠。6.

平台架体立面、平面全密封，有效防止坠物风险。

四、附着式升降脚手架

脚手架安全性体现在两个方面：1. 设计安全：脚手架产品重点解决的是高处坠落风险。韬盛科技在研发产品时就提出主动安全防护和被动安全防护双保障理念。在主动安全防护方面，创新开发遥控控制和荷载同步控制技术，通过遥控控制使作业人员脱离出相对不安全的升降环境，通过荷载同步控制系统自动判别故障并自动停机报警。在被动安全防护方面，创新设计多重设置多重防护的安全防坠落装置，共设置各自独立的三套防坠落装置，任何一个单独作用都可以确保安全。2. 作业安全：传统脚手架搭设始终存在大量高空、临空作业，高空坠物和人员坠落风险大。韬盛科技的产品具有低搭高用、变高空临空作业为架体内部作业的特点，可以在地面组装，通过设备吊装安装在楼体上，并通过自身升降动力不限高度使用，最大程度改善作业环境，确保作业安全。

韬盛科技具有自主知识产权的荷载同步控制系统，具备智能识别、智能判定、自主报警、自动停机的功能。首先，由于每机位跨度不同，不能简单人为设置标准荷载，公司的系统会在升降开始第 5 秒自动读取每个升降机位的荷载值，作为该机位的标准荷载。升降过程中，若某机位荷载值超过或低于该机位标准荷载值 15% 以上，该机位会自动声光报警，做阻挡预警；当荷载值超过或低于该机位标准荷载值 30% 时，整个提升机位组自动停机，故障机位声光报警。

传统建筑脚手架由于存在较多可燃材料，如塑料安全网、竹木脚手板等，消防隐患大，扑灭难度大。针对这些问题，韬盛科技在 2011 年开始研发适用于高层建筑的全集成升降防护平台脚手架，具有全金属防火、地面组装、地面解体等安全优势，受到建筑商欢迎。2014 年，公司又研发成功附着式升降脚手架（TSJPT9.0 型），是适用于全部建筑脚手架应用的新产品，一经推出，备受认可。

节材：按照每栋楼 25 层计算，每栋楼韬盛科技产品使用钢材约 40 吨，传统脚手架使用钢材约 300 吨，节约近 87%，该产品目前规模每年应用 1000

余栋，每年可节约钢材 26 万吨。节能：传统脚手架每层楼用电（主要是塔吊调运材料，塔吊电机按照最小规格 35KW）约 70 度，韬盛产品每层楼用电约 8 度，可节约 62 度电，节约率 89%，按照每栋楼 25 层计算，每栋楼可节约 1550 度电，产品目前规模每年应用 1000 余栋，每年节约电能超过 155 万度。节工：由于大量采用地面安装和动力设备升降。每提升一层楼仅需 4.5 个人工，传统脚手架搭设一层需 8 个人工，节约人工量 44%。

第三节 企业发展战略

一、以技术为核心优势，铸就建筑行业安全

随着我国建筑行业的稳健发展，对建筑材料的要求也从以往的传统材料向更加安全、更高技术性、更能节约成本的装备转变。不同于以往的建筑企业，韬盛科技将科技作为发展的基础及核心能力，为业界及产业指引了未来的方向。在技术革新的过程中，韬盛科技始终秉承安全第一的理念，因此在设计上化传统的被动预防为主动预防。以往的传统模架企业通常关注如何在发生意外时对人员进行防护，而韬盛科技借鉴了汽车设计的安全理念，提出"遥控操作系统"。由于模架在升降过程中极易出现安全隐患，使人员主动远离有可能发生的事故，在安全环境中进行操作才是保证零伤亡的利器。这在业界是具有首创意识的，同时也是韬盛科技的专利产品。另外，韬盛科技所研制的"荷载同步控制系统"已经被写入行业标准，可以进一步保障主动预防的有效实施，可以做到在模架出现欠载或超载时自动报警及停机。不仅如此，韬盛科技做到被动防护配合主动防护，其所设计的"安全防坠落系统"真正做到万无一失，不同于国际上通常所使用的一个机位一个防坠落系统，韬盛的系统拥有三个防坠落系统，并且通过技术上的创新，在保障安全性的同时实现了经济性。

二、打造优质服务，赢得客户信任

韬盛科技自成立以来，始终将客户的感受置于首位，提出"从思想上征

服客户"，开创"一对一"现场服务。韬盛科技拥有400多位技术管理人员，三分之二的人员都在现场为客户提供技术支持，这在业内是前所未有的规模。公司将服务作为长远的投资，在无形中增强了产品的生命力，使客户体验得到提升。

目前建筑租赁业仍面临追求低成本、服务缺失的现状，韬盛科技以"服务"赢得了市场先机，顺应了行业转型升级不可逆转的潮流。以"三分技术、七分管理"作为现场服务的理念，公司独创"六关"服务流程：即研发技术关，以客户需求为己任，不断进行创新求精；材料选购关，严格挑选优质供应商，严把质量源头；生产制造关，严格遵守37道工艺流程，全面保障产品质量；租赁销售关，根据客户项目特点，提供定制最优的解决方案；工程管理关，严格进行现场把控，保障安全，低碳环保；客户服务关，为客户提供新型的产品体验。

三、建设"政产学研用金"平台，引领行业发展

由于建筑行业安全薄弱环节较多，企业较分散，新型技术产品无法在短时间内投入市场应用。中国安全产业协会于2016年1月成立建筑行业分会，而韬盛科技董事长成为分会的第一届理事长。该分会涉及物流业、建筑业、新闻媒体、培训服务、研究机构等86家，遍布全国，旨在搭建建筑行业的"政产学研用金"平台，促进理念提升、资金到位、装备升级。另外，韬盛科技重视科技创新，产业研发，力求将研发成果快速投入市场。为了更好地提升企业研发能力，韬盛科技成立了公司下属的科学技术协会，已经通过科协常委会批准。协会将加强科研工作者之间的有效交流及沟通，加快技术的研制，提供一个互相学习取经的平台，为科研人才提供了一个良好的环境；积极与北京高校及研究机构合作，为建筑行业培养高科技人才；利用资源优势加速研发成果投入市场，提升企业竞争力，引导行业的技术发展趋势。

第二十六章　华洋通信科技股份有限公司

华洋通信科技股份有限公司原为中国矿业大学的国有校办企业，公司人才资源雄厚，拥有较完善的研发和检测基础设施，是集科研开发、生产经营、工程安装于一体的江苏省高新技术企业、双软企业，拥有江苏省煤矿安全生产综合监控工程技术研究中心、江苏省软件企业技术中心，公司已完成的关键技术和主要项目包括智能煤矿安全生产综合监控系统高速传输平台理论体系、关键技术研究及关键设备产品的开发；智能煤矿安全监控系统及接入技术的研究与关键装置的研发；智能煤矿综合监控信息集成软件系统开发；防爆技术；工作面"三机"协同控制技术；基于程控调度的煤矿多网融合通信与救援广播系统；万吨级高效综采关键技术创新及产业化示范工程等。正在深化研究的关键内容有：基于物联网的智能煤矿综合监控系统模式、煤矿生产自动化装备故障诊断技术研究与开发、煤矿无线传感网络系统关键技术研究及其设备研发、煤矿危险区域目标行为检测与跟踪及智能煤矿监测预警信息系统平台开发等。公司凭借雄厚的科研实力，以矿山物联网、自动化、信息化技术标准的制定者和煤安产品提供商为自身地位不断发展。

第一节　总体发展情况

华洋通信科技股份有限公司（以下简称"华洋通信"）的历史始于1994年8月，注册资金5100万元，原为中国矿业大学的国有校办企业，依托中国矿业大学的雄厚资源，由小变大，由弱变强，于2004年改制为徐州中矿大华洋通信设备有限公司，2007年5月迁址徐州国家高新技术产业开发区的现代化生产、研发基地，2015年6月改制为华洋通信科技股份有限公司。公司人才资源雄厚，拥有一支由教授、副教授、博士、硕士研究行组成的80多人的高素质研发团队，拥有较完善的研发和检测基础设施。

华洋通信是集科研开发、生产经营、工程安装于一体的江苏省高新技术企业、双软企业、重合同守信用企业，拥有江苏省煤矿安全生产综合监控工程技术研究中心、江苏省软件企业技术中心，信息系统集成及服务资质贰级，是江苏省重点研发机构、江苏省物联网应用示范工程建设单位，公司长期从事物联网、自动化、信息化等领域的技术研发、推广与服务，智慧矿山示范工程建设。

华洋通信成立至今，一直坚持走科技兴企、自主创新的道路，主导产品有："KJ82基于防爆工业以太网的综合自动化系统""KT155矿用广播通信系统""KJ28煤矿图像监控系统""KT332矿用无线通信系统""煤矿多网融合通信及应急广播系统""煤矿安全生产井下移动指挥系统""燃料智能化管控系统""电厂新型煤泥干燥技术""露天无人机盘煤系统""矿井新型水处理技术""棚内机器人盘煤系统""储煤罐式图像识别盘煤系统""输煤程控系统"等，系统配套产品有：防爆摄像仪系列、防爆智能手机平板电脑系列、防爆监视器系列、防爆交换机系列、防爆音箱系列、防爆型锂离子蓄电池电源系列、防爆PLC系列以及系统软件、氧化锆氧量分析仪等，长期以来，公司坚持质量为本、信誉为基、用户至上的原则，产品和服务已遍及全国15个省份30多个大型煤业集团的400多个大中型煤矿，质量、信誉获得广大用户的高度评价。

近年来，公司承担863计划项目、自然科学基金重点项目等国家省部级纵向课题十余项，开发煤矿工业以太网交换机、综合接入网关、PLC控制器、无线通信、传感器、矿用移动终端等新产品数十项，目前公司拥有授权专利50余项（其中发明专利2项）、软件著作权22项、软件产品19项、江苏省高新技术产品23项，2014年以来有7项科研项目通过省部级科技成果鉴定、12个项目获省部级科技进步奖。目前公司正处发展转型期，已进入IPO辅导，计划近年在创业板上市。

表 26 - 1 华洋通信科技股份有限公司财政情况

财务指标 财年	营业收入情况		净利润情况	
	营业收入（亿元）	增长率（%）	净利润（万元）	增长率（%）
2014	9901		1956	
2015	11945	20.6	2535	29.6
2016	10644	-10.9	2240	-11.6

资料来源：赛迪智库整理，2017 年 1 月。

第二节　主营业务情况

一、主营业务

煤炭是我国的主要能源，约占一次能源的 70%。近年来，随着矿井开采强度和深度的加大，地质条件越来越复杂，各种安全事故仍频繁发生，严重地影响了我国经济建设发展及在国际上的形象。研究建立集安全生产、定位、预警、救灾决策于一体的安全生产综合监控及预警救援新体系，实现对煤矿生产的人员、机器、设备和基础设施实施实时管理和控制，成为提高煤矿安全管理水平、减少安全事故发生和降低事故人员伤亡、提高灾后抢险救援科学、有效的必然要求。

在国家"以信息化带动工业化，以工业化促进信息化"和两化融合的指引下，公司进行了大胆的探索和实践，不断引进、消化、吸收国内外先进技术和理念，进行宽带无线传感技术、自动控制技术、信息传输和处理技术、故障诊断技术及物联网技术的研究，研制了一系列新设备和系统，以实现复杂环境下矿山安全生产、设备和仪器、人员的远程监控和协同管理，解决了安全生产高效综采面的协同问题、矿山井下重大灾害的预警问题和矿井灾害的有效搜索等迫切需要解决的问题，取得了显著效果，为智能矿山建设奠定了良好的基础。

近年来，企业借助"物联网"新概念，打破了将物理基础设施和信息基础设施隔离的传统思维，为建立矿山安全生产与预警救援新体系提出了新思路。通过物联网技术，将矿山各类传感器、生产环境、生产过程及设备、信息获取与传输、信息智能处理与决策等安全生产的全过程和所有环节及生产的对象融合为统一的整体，从而实现对矿山复杂环境下生产网络内的人员、机器、设备和基础设施实施更加实时、高效、安全的智能煤矿综合监控和协同管理。

二、产品情况介绍

（一）已完成的关键技术及工作

1. 智能煤矿安全生产综合监控系统高速传输平台理论体系、关键技术研究及关键设备产品的开发

首次提出了使用10/100/1000Mbps工业以太环网 + CAN现场总线形式构建建立基于防爆工业以太网的煤矿综合信息传输网络平台模式，采用环网网络冗余、链路聚集、嵌入式等技术，在国内首次提出、开发并建立了符合防爆条件的井下高速网络平台，实现煤矿各种自动化及监测监控子系统的接入和信息共享。

2. 智能煤矿安全监控系统及接入技术的研究与关键装置的研发

采掘设备遥测遥控技术研究。通过采煤机工作状态参数在线检测、控制、信号传输及可视化技术的整合，实现采煤机的故障诊断和故障预报、远程可视化控制和监测。开发出了配装国产自主研发的悬臂式掘进机及远程监控系统。

井下人员定位、安全管理及考勤系统研究开发。基于射频识别技术，采用双频点长短波频率实现可靠的全双工通信，分站设备和本质安全型标识卡采用全新的嵌入式微处理器和嵌入式软件进行设计，系统作用距离远、可任意调整系统的识别范围、识别无"盲区"、信号穿透力强、安全保密性能高、对人体无电磁污染、环境适应性强、可同时识别众多目标、便于网络连接等性能优点。

网络化的煤矿井下风网监控关键技术开发。以瓦斯、通风监测为切入点，开发基于工业以太网和CANBUS总线式的矿井风网监测与优化调控关键技术，实现矿井瓦斯与风网的实时监测、优化调控和矿井风网、矿井局扇的变频自动调控，提高矿井瓦斯智能监测和控制水平，提高矿井通风的稳定性、可靠

性和通风效率，控制瓦斯超限与聚集，降低矿井通风能耗。

煤矿井下斜巷绞车轨道运输远程安全综合监控关键技术研究。研究提出煤矿井下复杂环境无线视频可靠传输、轨道机车车载移动视频抗振动、危险区域人员自动识别与联动控制等关键理论与技术，并设计开发煤矿井下斜巷轨道运输综合监控与远控联动系统，实现煤矿井下斜巷轨道运输监控、操作的可视化、智能化，解决煤矿斜巷轨道运输监控的盲区和难点，消除安全隐患，提高煤矿生产运输安全。

煤矿抢险救灾无线音视频传输系统。提出了一种国内领先的煤矿井下音视频的无线实时传输方案，通过抢险队员携带便携式无线音视频采集、编码发射装置以及可灵活放置的无线中继节点，将灾害现场音视频的信息传送至地面网络及指挥控制中心，解决抢险救灾中地面与井下无法进行音视频通信的关键难题。

基于 IP 的煤矿程控电话系统和扩播通信系统。实现煤矿调度通信的革新和升级换代。

研究适合煤矿特点的流媒体信息传输及控制技术。研制了矿井数字化图像监视系统及视频服务器、数字硬盘录像机等设备，解决了矿井上/下之间的远程图像、图形交互传输与控制技术。

研制开发了全分布式控制结构的矿井安全生产自动化监控各子系统，实现了对井上/下运输、四大运转（通风、压风、提升、排水）、井下供电等对矿井各安全生产环节的"遥测、遥信和遥控"。

多功能综合接入网关开发。实现多种有线/无线矿井安全系统、生产自动化各子系统的互联和多种类型的分站接入功能，实现了矿井安全生产综合监控与联动控制。

3. 智能煤矿综合监控信息集成软件系统开发

整个系统采用分布式设计，主要以安全生产、自动化等信息系统为其子系统，将实时数据流和管理信息流等各子系统集成起来，形成统一的信息平台。并通过企业内部计算机网络平台，基于分布式实时数据库、OPC、工控组态技术，实现了已有各子系统的无缝集成和安全生产实时数据 Web 浏览。

4. 防爆技术

开发生产的几十种产品具有防爆、抗干扰性强等特点，能够安全运行在井下有爆炸性气体的环境中。

（二）正在深化研究的关键内容

1. 基于物联网的智能煤矿综合监控系统模式

围绕煤矿安全生产的监测、预警和应急处置等需求，融合宽带无线技术和传感器技术，基于煤矿光纤冗余无线工业以太环网骨干网络，构建适应矿井安全监测实时、可靠的新一代有线/无线混合结构的物联网传输系统。需要研究在现有煤矿信息化、自动化建设基础上进行物联网的融合转换和过渡接轨的模式，实现复杂环境下生产网络内的人员、机器、设备和基础设施的协同管理和综合监控。

2. 煤矿生产自动化装备故障诊断技术研究与开发

目前国内外生产自动化装备最大的差距在于，国外设备注重并强调装备系统本身的故障诊断功能，而国内自动化生产系统装备产品本身基本上都不具备设备自身的故障诊断。结合物联网的思想，将设备运行状态参数信息的感知、获取、处理、分析嵌入到设备中，将故障诊断技术融入煤矿安全生产监控装备及系统中，自主研发煤矿生产自动化子系统装备及大型机电设备故障诊断系统，实现远程控制和网络化远程故障诊断，有效减少系统维护量，提高系统可靠性。可以填补国内空白，提高产品的综合性能和整体竞争力。

3. 煤矿无线传感网络系统关键技术研究及其设备研发

煤矿井下环境恶劣，而且随着采掘工作面的不断推进，只依赖于工业以太网，难以灵活、及时覆盖整个矿井，特别是在井下人员实时跟踪定位和矿井灾害救援中，无线网络具有无法替代的作用。本课题将借助无线网络技术，把无线传感器网络的研究拓展到地下，研究在不同介质间构建无线传感器网络的关键技术；研究自组织与新型网络体系结构，给出有效的覆盖和连通性保持及障碍物避免算法，实现快速自组织重构的抗毁路由技术。开发研制矿井无线网络基站和与工业以太网连接路由器等煤矿井下无线网络系统关键技术及其设备。

4. 煤矿危险区域目标行为检测与跟踪

以计算机视觉、模式识别和人工智能相关技术为基础的矿井危险区域目标行为检测与跟踪，是智能视觉监控在煤矿的重要应用，将矿井视频监控从事后取证改为基于事前预防和实时事件驱动的监控方式，实现煤矿综合自动化系统基于视频的报警联动。

5. 智能煤矿监测预警信息系统平台开发

结合物联网概念和思想，综合运用多种智能化信息处理技术，基于矿井环境数据自动采集系统，集成已有历史数据，建立数据仓库，研究事故诱发的内在机理。以管理专家的经验知识为基础，结合国家安全生产管理法规，建立煤矿安全专家知识库，实现矿井安全智能化诊断。利用瓦斯动态预测模型，并结合瓦斯分布、重点区域图、开拓延伸和工作面图，采用智能技术实现动态预警，最终建立智能煤矿监测预警应急信息系统平台。

（三）已完成的主要技术项目

1. 工作面"三机"协同控制技术

2012年，公司承担国家863计划资源环境技术领域"薄煤层开采关键技术与装备"课题"工作面'三机'协同控制技术"（课题编号：2012AA062103）的科研任务。该项目重点研究钻式采煤机小型化及模块化技术、钻具定向钻进技术、自动快速换钻杆技术、多钻头截割技术以及煤岩识别装置的研究，开发出具有快速、高效、定向钻进，并且配有钻具装卸机械手和煤岩识别装置的五钻头小型化、模块化钻式采煤机，满足我国煤矿井下极薄煤层无人工作面智能开采作业的需要，充分开采有限的煤炭资源，为煤炭生产的持续发展提供技术保障。

2. 基于程控调度的煤矿多网融合通信与救援广播系统

该系统针对目前煤矿多种通信网络并存的现状，研究多种异构通信系统互联关键技术，提出了多网融合的煤矿协同通信新模式；开发设计基于程控调度的煤矿多网融合通信与救援广播系统，通过程控调度台实现多网互联互通、一键通信、一键广播的统一调度指挥，使用简单，平时服务于日常生产，突发事故时，快速服务救援通信，实现了生产调度、实时指挥、紧急救援的煤矿一体化融合通信的目标；设计了井下音频、视频、监测/监控系统"三位一体"的综合联动控制策略，实现融合通信系统与人员定位系统、安全监控系统和生产自动化系统的联动控制，提升了矿井整体应急响应水平。

制定了"中国平煤神马集团煤矿多网融合通信与救援广播系统"企业标

准，在平煤八矿、十二矿、朝川矿建立了示范工程，并在平煤股份 17 对矿井推广使用，填补了行业空白，对全面推进、指导和规范煤矿通信联络系统建设起到了示范作用。系统相对于国内同类产品具有很强的技术优势，不需要重复性投资建设，拥有多项自主知识产权，价格便宜，维护方便，具有很强的竞争力，有着广阔的市场前景。

3. 万吨级高效综采关键技术创新及产业化示范工程

该项目由中煤平朔集团有限公司、中国矿业大学、华洋通信科技股份有限公司等单位共同承担，依托中煤平朔集团有限公司井工一矿的 19108 工作面进行开采示范。19108 工作面煤厚 12.68 米，地质储量 1447.9 万吨，可采储量 1231.0 万吨。项目研制的高强度、高可靠性的采煤机摇臂、智能型变频刮板输送成套设备、工作面信息集成及远程智能控制系统等，经 19108 示范工作面运行一年，设备综合开机率达到 90%，工作面产量达到 1138.1433 万吨，实现了工作面安全、高产、高效、节能开采。

第三节　企业发展战略

一、坚持公司发展定位

1. 矿山物联网、自动化、信息化技术标准的制定者。公司积极参与行业的标准制订，引导行业在物联网、自动化、信息化、智能化方面的技术进步。2012 年参与煤炭工业协会主持的行业标准《安全高效现代化矿井技术标准》的制定，编写《煤炭信息化技术》十一篇。

2. 矿山物联网、自动化、信息化煤安产品提供商。目前已自主研发 60 多项 MA 产品，与美国 GE、加拿大罗杰康、德国赫斯曼、德国 EPP 等国际一流企业签署战略合作协议，共同开拓煤炭市场。

3. 智慧矿山综合自动化建设示范工程集成商。已完成以物联网为基础的数字化煤矿示范工程 40 多项，其中承建的平煤股份八矿综合自动化工程被河南省列为省数字化矿山建设的示范工程。

4. 企业信息化服务的提供商。通过与客户建立长期合作的战略联盟，为企业的信息化建设提供技术咨询、规划设计、技术培训等技术服务。

二、坚持科技创新，确保领先地位

公司紧紧依靠科技创新，抢抓发展新兴产业机遇，充分发挥公司和中国矿业大学信息技术研究合作优势，依托"江苏省煤矿安全生产综合监控工程技术研究中心"，联合承担科技计划、开展技术研发、制定技术标准、转化科技成果，形成产学研有效合作长效机制。加快以设计、研发、解决方案和品牌营销为模式的高端形态，以新的发展方式，走出不同于传统产业低端制造的发展模式，公司以发展物联网产业的智能网络等高端产品，提升公司的整体水平。本着"生产一代、拓展一代、开发一代、规划一代"的研发思路，继续追踪国际新技术，逐步加大研发投入和新产品开发力度，研发新产品，保障公司产品引领行业产品趋势。

三、大力实施人才战略

坚持"以诚聚才、任人唯贤，以人为本，人尽其用"，不断培养、引进高层次人才和急需人才。完善人才管理体制，引进先进管理经验，形成了一套科学规范的管理模式；创造优良人才成长环境，鼓励参加各类学习培训，鼓励创新，对取得优异成绩者给予奖励；建立良好的人才使用和流动机制，实行竞争上岗，不断整合优化内外部人才资源，借助矿大人才优势，为企业发展提供人才支撑，让华洋通信不断走向成功。

四、实施科学规范化管理

重合同、守信誉，严格履约，在管理中严格执行 ISO9001 的质量管理体系要求，全面落实技术培训和操作指导，按照设计标准和用户要求严格组织生产、检验、售后服务，保证产品质量安全可靠，加强与用户回访交流，畅通信息反馈渠道。

五、坚持可持续发展战略

坚持可持续发展战略，调整发展新思路，加大研发投入，产品、技术、服务不断延伸，业务从传统为煤炭行业安全服务向非煤行业拓展，保持了新常态下的发展趋势，目前无人机应用和污水处理等技术服务已初见成效，为华洋发展注入新动力。

随着国家"互联网＋""中国制造2025"战略的实施，公司采用物联网、智能控制技术对产品不断地进行升级换代，将视频监控系统、广播通信系统与综合自动化系统进行深度融合，向智能控制方向发展，并将物联网、信息化、智能控制技术应用从煤炭开采逐步拓展到煤炭储装运、煤炭深加工、煤化工、煤焦化、燃煤发电等煤炭产业链相关的工业领域，实现技术优势向经营业绩的转化，不断提升公司综合竞争力。

第二十七章 北京苏伯格林能源控股有限公司

北京苏伯格林能源控股有限公司主要从事所有对内外的实体投资、企业咨询管理等业务，旗下下设多家子公司，在石油化工等能源产品的实货和衍生产品贸易中占据了一定市场。公司通过与 GS 集团旗下的丽星仓储合作和收购廊坊市宝隆危险品货物运输有限公司，在油品贸易、仓储、物流方面已然立足。在 IT 服务方面，公司与用友、微软等相关企业级软件系统厂商及合作伙伴都建立了长期的合作关系，拥有企业级软件系统，并与其他厂商探讨了油站 IT 系统的可能性。公司与 GSA 商投石油、招商银行合作发行了联名储油卡"易油卡"，改变了以往只能用油卡储值且只限于自营加油站使用的传统方式，可让广大用户体验油品消费的同时享受对油品价格自行锁定的权利。公司在期货原油市场也有涉足，并在南京地区设立了南京安旭日通智能科技有限公司进行高新防爆技术研发，主要是通过技术壁垒来提升易油卡产品的应用体验及该技术在各个行业内的应用。凭借在能源领域积累的市场效益，意图将电子商务平台与石化行业各类产品相结合，为政府和企业打造千亿级的中国安全产业采购交易电子商务平台，推进安全产业"互联网＋"转型升级。

第一节 总体发展情况

北京苏伯格林能源控股有限公司（集团总公司）成立于 2014 年 5 月，注册地北京，主要从事所有对内外的实体投资、企业咨询管理等业务。

公司旗下下设北京苏伯格林贸易有限公司、北京苏伯格林科技有限公司、易油卡电子商务有限公司等多家子公司；旗下各公司广泛活跃于国际、国内石油化工品贸易市场，在石油化工等能源产品的实货和衍生产品贸易中取得突破、占据了一定的市场。各子公司的经营领域涉及实体投资、企业咨询管理、石化产品的进口、仓储、物流、批发与销售、电子商务、原油期货、客户服务、法律法规、市场推广、资金管理、TI 技术服务、加油站相关设备的销售、加油站管理系统的技术服务等。

苏伯格林集团总公司目前在战略、财务、供应链、人力资源、信息化上采取直接管控。随着下属公司专业化发展，总部的功能将从控制导向转变成服务导向。

表 27 - 1　苏伯格林 2014—2016 年营业收入及净利润表

财务指标 财年	营业收入情况		净利润情况	
	营业收入（亿元）	增长率（%）	净利润（万元）	增长率（%）
2014	6	22	3500	7
2015	9	50	4500	28
2016	12	33	5000	11

资料来源：苏伯格林财务报表，2017 年 2 月。

第二节　主营业务情况

一、贸易

（一）进口贸易

由中东、泰国、马来西亚、韩国等地进口油品及化工品，包括混合芳烃、MTBE、C9 等，进口货物销售到地方炼厂、国内贸易商及最终客户。

（二）国内贸易

成品油贸易，包括汽油、柴油；采购地方炼厂成品油，销售至中石油、中石化。并以青岛、江苏、重庆仓储中转油库为依托，开展周边加油站零售业务。

化工产品和成品油原料贸易，包括石脑油、芳烃、燃料油等；采购东北、山东、沿江、西北等地方油品，针对沿海、沿江客户的大宗批发销售。

二、仓储

凭借山东青岛的地理优势、发达的仓储、港口设施以及与 GS 集团旗下的丽星仓储合作，在青岛黄岛苏伯格林运作成品油仓储及加工业务。并以青岛、江苏、重庆仓储中转油库为依托，开展周边加油站零售业务。长期对第三方开展储罐租赁业务，仓储基地不仅配备了完善的汽车装车栈台，而且具备原油码头、铁路、内陆管道连接。

三、油品物流

早在 2011 年 3 月，公司收购了廊坊市宝隆危险品货物运输有限公司，主要承担着苏伯格林所有汽车运输任务，并长期对外服务。在山东青岛的船运物流码头配备多个泊位，码头年吞吐能力上百万吨。在江苏、重庆等地配有中转油库和自建油库。

四、IT 服务

提供电子商务解决方案、加油站相关 IT 系统整合解决方案、企业级软件系统解决方案和石油石化相关软件系统开发。

（一）电子商务

整合了传统的石油石化销售与互联网 O2O 的理念，应用电子商务 O2O、B2C、C2C 模式，并于知名金融机构、油品销售公司合作实现了以"升"储油的销售、使用和管理的模式。

（二）油站 IT 系统

油站管理 IT 系统向来少有 IT 公司涉及。苏伯格林通过与油品销售公司、电子商务公司、金融机构、POS 厂商、加油机厂商的合作，引进大数据分析改变油站的管理和销售模式，并通过 O2O 电子商务模式扩展石油石化产业链下游的销售模式。

（三）企业级软件系统

苏伯格林与用友、微软等相关企业级软件系统厂商及合作伙伴都建立了长期的合作关系，使苏伯格林的技术团队拥有大量可在企业所关心的财务、销售、采购、物流、仓储、生产等方面提供从业务分析到项目实施能力的优秀专业性人才。

（四）互联网——易油卡

国际油价长期在低价位徘徊波动，传统的石化行业受到了前所未有的挑战；为适应新的市场格局，作为一家多元化集团公司，苏伯格林紧握市场脉搏，勇于挑战创新，确定了创新融合产业模式，成功地迈入了互联网领域，并成功组建了易油卡电子商务有限公司；经过不懈的努力新型消费模式：易油卡项目（O2O模式）在互联网行业中占有了一席之地。

2014年7月30日上午10时，在美丽的山城重庆，苏伯格林与GSA商投石油、招商银行合作的联名储油卡"易油卡"，举行了发布仪式。

2015年6月29日，易油卡于重庆正式上线，给消费者提供了"以升储油、以油消费"概念的服务平台，结合了储油、保值、理财、通用、安全、便捷、优惠七大特点。通过与银行等金融机构的合作，可以保障所有交易的可靠、安全和真实。

易油卡服务改变了以往只能用油卡储值且只限于自营加油站使用的传统方式，可让广大用户体验油品消费的同时享受对油品价格自行锁定的权利。

（五）期货原油

利用国际原油期货市场进行套期保值，实现现货与期货之间的对冲，降低经营风险并保证获利最大化。使用路透Eikon等系统实现对原油期货价格波动的准确分析和判断，根据价格波动，及时调整经营、进口、点价等计划。

（六）高新防爆技术

博士后的研发团队给集团带来了新生项目，南京地区设立的超微防爆技术公司即南京安旭日通智能科技有限公司，主要是通过技术壁垒来提升易油卡产品的应用体验及该技术在各个行业内的应用。

北京苏伯格林能源控股有限公司将旗下各公司全面推向市场，均独立核算，内部管理市场化运作。总公司在战略、财务、供应链、人力资源、信息化上采取直接管控；在民营石化行业中升级转型不断向前迈进，享有了自己的产业供应链；管理方面业日趋专业化、精细化及规范化。

公司一直秉承以科学发展观为指导，坚持"诚信、专业、创新、高效"的企业理念；"竭我所能，为你加油"的服务宗旨；从做传统贸易开始发展成一家集科学管理、规范治理、稳健运营、资本人才雄厚、整合能力较强、整体效益较高的新型企业。为民营企业如何适应经济发展新常态、在竞争中不断发展壮大，探索着一条新的路径。用苏伯格林拥有的自主知识产权和先进的管理理念，以资本经营为导向，以持续创新为核心，充分发挥公司人才、资源优势，稳健发展现有市场脉络。

第三节　企业发展战略

以科学发展观为指导，深入贯彻学习习近平总书记关于中央经济工作的系列重要讲话精神，坚持以新发展理念引领行业发展，坚持稳中求进工作总基调，准确分析判断行业形势走向。

与时俱进、开阔视野、创新思维，学习与公司、行业密切相关的各项新政策新法规，挖掘和培育能给苏伯格林带来新的效益的增长点，充分利用本身的优势和经验，抢抓市场机遇、不断开创新局面，适应经济新常态，跟上时代发展新步伐。

随着中央经济工作会议精神的落实，原油政策的开放，我国经济形势将加快向好发展，随之带来的是成品油市场的变化，公司利用好现有的多种资源，调整经营思路，转变经营模式，全力开拓市场，巩固现有渠道，将贸易业务板块经济效益最大化；苏伯格林始终坚持"以质量求生存、以质量求信誉、以质量打市场、以质量抓客户"的宗旨；严把出入库等关键环节，杜绝质量不合格油品的出入库，保证公司的信誉和良好的形象，维护公司和客户的利益。确保安全质量达标的前提下，稳步做好成品油的销售工作，同时凭借多年深耕物流中转业务，结合外运人脉，为贸易往来提供坚实的物流中转资源。

用科技信息改造提升传统产业，发挥产业融合创新。易油卡互联网O2O项目，在不断优化现有产品的同时，根据市场需求增加新功能，提升用户体验；充分利用现有优势，促使目标用户群体的增长，进行针对性的商务开发；严格按照国家规定的商务开发管理规定开展工作，形成积极、健康的工作氛围，与炼厂、油库、加油站等关联企业建立良好的战略合作关系，搭上"一带一路"共同发展的巨轮。

当今时代是知识经济时代，知识产权作为一个企业乃至国家提高核心竞争力的战略资源，凸显出前所未有的重要地位，2016年，集团新增及申请中的专利共计27件。苏伯格林要保持继续创新、挖掘自由产权的建设工作，对自己的知识产权进行合法保护，并进一步为集团的迅猛发展奠定稳固的基石。

结合公司近年来的发展规划，逐步优化公司的人力资源管理体系；加大绩效考核的力度，继续以绩效与奖励机制相结合的方式，鼓励员工积极创造价值，通过对岗位业绩、员工素质、工作态度和领导能力等多方面的量化考核和培养，加强计划与过程控制，激发员工潜能，达到超越自我的更高目标。

企业的发展离不开高素质的员工队伍，加大培训力度、引进高端人才，使员工队伍的整体素质得到了进一步的提高；通过培养一批忠诚于公司的精英团队，引进一批专业素质过硬的高端人士，打造一支业务能力强，思想作风过硬的团队，为集团跨越发展奠定坚实的基础。

公司一贯秉持诚实守信的核心价值观，是公司文化的基石，是苏伯格林人的崇高品质，是苏伯格林的建基立业之本。苏伯格林倡导全面的诚信观，诚信于股东、诚信于客户、诚信于员工、诚信于社会。

常怀感恩之心，将履行社会责任视作"超越利润之上的追求"，努力打造"合作者信任、员工热爱、社会尊重、大众称道"的优秀企业形象，严守商业道德，开展公平竞争，努力提供更为优质、更为环保、更为安全、更为人性化的产品和服务，不断超越客户的期望，成为全社会企业的榜样。

近年来，我国安全生产形势总体平稳，但依然十分严峻，石油化工行业作为其中十分重要的一个行业，无论生产、经营还是存储运输，都直接关系广大人民的生命和财产安全，全行业的安全生产发展迫切需要通过各种方式来保障，石化分会的成立是中国安全产业协会发展历程的重要里程碑。北京苏伯格林能源控股有限公司作为中国安全产业协会石化分会的常务理事单位，将电子商务平台与石化行业各类产品相结合，通过发展安全产业电子商务化，打造千亿级的中国安全产业采购交易电子商务平台，为全国的政府安全产品采购和企业供应搭建有效的市场交易、合作第一平台，点燃"互联网＋安全产业"转型新引擎。

政 策 篇

第二十八章 2016 年中国安全产业政策环境分析

2016 年是"十三五"开局之年，也是我国工业化、城镇化快速发展和安全事故的多发之年。为了保障安全生产工作的有效落实，国家出台了一系列促进安全产业发展的政策，以满足安全生产、防灾减灾和应急救援工作需求，减少事故发生概率，提升社会安全保障能力，并推动经济发展。在产业政策环境不断优化下，安全产业的规模不断扩大，安全产品年销售收入超过了6000 亿元，市场总体规模在万亿左右，并形成了若干个安全产业聚集发展区，引领安全产业规模化、集聚化发展。同时，安全产业投融资服务体系的建设进程也在不断加快，为我国总体安全产业的发展提供了重要的资金保障。

第一节 中国安全生产形势要求加快安全产业发展

一、安全生产形势依然严峻

2016 年，全国发生各类生产安全事故 6 万起、死亡 4.1 万人，同比分别下降 5.8% 和 4.1%；发生较大事故 750 起、死亡 2877 人，分别下降 7.3% 和9.1%；发生重特大事故 32 起、死亡 571 人，同比分别下降 15.8% 和 25.7%。回顾过去一年，虽然事故总量、死亡人数、重特大事故延续下降趋势，但安全生产形势依然不容乐观，各类生产事故总量仍然较大，重特大事故发生的频次仍然较高，煤矿领域重特大事故不降反升。据统计，全年共发生煤矿事故 249 起、死亡 538 人，同比减少 103 起、60 人，分别下降 29.3%、10%；较大事故 22 起、死亡 95 人，分别下降 37.1%、39.5%；重特大事故 10 起、死亡 191 人，同比增加 5 起、106 人，分别增长 100%、124.7%。以往安全形势平稳的电力行业发生 2 起重特大事故。这些情况说明我国目前安全生产状况仍处于问题多、危害重的阶段，这主要是经济情况的变化和经济社会发展不平衡导致的，也暴露出安全生产检查工作中的问题和不足，这就要求要大力发展安全产业，从根本上降低安全事故发生概率，提高全社会的本质安全水平。

二、适应安全生产新形势，出台新的政策法规

法律。为适应新形势下职业病防治工作的改革，全国人民代表大会修正了《中华人民共和国职业病防治法》，并于 2016 年 7 月 2 日起实行。

行政法规。为全面加强危险化学品安全综合治理，有效防范遏制危险化学品重特大事故，国务院于 2016 年 11 月 29 日发布了《危险化学品安全综合治理方案》，实施时间从 2016 年 12 月开始至 2019 年 11 月结束，分三个阶段进行；为加强职业病防治工作，切实保障劳动者职业健康权益，依据《中华人民共和国职业病防治法》，国务院制定了《国家职业病防治规划（2016—2020 年）》。

规章。为了规范新形势下的煤矿企业安全生产工作，加强煤矿企业安全生产许可证的颁发管理工作，国家安全生产监督管理总局自 2016 年 4 月 1 日起施行新修订的《煤矿企业安全生产许可证实施办法》；为规范生产安全事故应急预案管理工作，迅速有效处置生产安全事故，国家安全生产监督管理总局自 2016 年 7 月 1 日起施行新修订的《生产安全事故应急预案管理办法》；为保障煤矿安全生产和从业人员的人身安全与健康，国家安全生产监督管理总局自 2016 年 10 月 1 日起施行新修订的《煤矿安全规程》。

规范性文件。党中央、国务院在 2016 年 12 月 9 日发布了《中共中央国务院关于推进安全生产领域改革发展的意见》，这是第一个以党中央、国务院名义出台的安全生产工作的纲领性文件，推进了安全产业改革进程。2017 年 2 月 3 日，国务院办公厅发布《关于印发安全生产"十三五"规划的通知》，安全产业相关支持内容再次列入其中。为适应新时期安全生产对科技创新工作的新要求，国家安监总局印发了《关于推动安全生产科技创新若干意见》；

为应对安全生产社会化服务工作力量不足、能力不强、行为不规范、机制不完善、管理不严格等突出问题，国务院安全生产委员会在 2016 年 12 月 31 日出台了《关于加快推进安全生产社会化服务体系建设的指导意见》。此外，为加强各行业的安全监督管理工作，国务院安委会和国家安全生产监督管理总局相继出台了《关于加强烟花爆竹"打非"等安全监管工作的紧急通知》《关于矿井两回路电源线路规定有关事项的通知》《关于进一步落实各项安全防范责任和制度措施坚决遏制煤矿重特大事故的紧急通知》《关于危险化学品从业单位安全生产标准化评审工作有关事项的通知》《关于开展危险化学品重大危险源在线监控及事故预警系统建设试点工作的通知》《25 项安全生产行业标准目录》《2016 年度省级政府安全生产工作考核细则》《关于加强安全生产应急管理执法检查工作的意见》《生产安全事故统计管理办法》《生产安全事故应急预案管理办法》《安全生产执法程序规定》《关于印发安全生产信息化领域 10 项技术规范的通知》《2016 年全国普法依法治理工作要点》《金属非金属地下矿山采空区事故隐患治理工作方案》《关于印发工贸行业遏制重特大事故工作意见的通知》《关于减少井下作业人数提升煤矿安全保障能力的指导意见》《遏制尾矿库"头顶库"重特大事故工作方案》《危险化学品储存场所安全专项整治工作方案》《标本兼治遏制重特大事故工作指南》《安全生产巡查工作制度》《用人单位劳动防护用品管理规范》。

第二节 宏观层面：国家对安全产业愈加重视

一、政策环境持续优化

2015 年以来，国家安全生产监督管理总局发布《淘汰落后安全技术装备目录》《关于开展"机械化换人、自动化减人"科技强安专项行动的通知》等，明确要求"到 2018 年 6 月底，实现高危作业场所作业人员减少 30% 以上，大幅提高企业安全生产水平"；工业和信息化部在《深入推进新型工业化产业示范基地建设的指导意见》中将安全产业列入其中，在《中国制造

2025》和《智能制造试点示范 2016 专项行动实施方案》都提出了加强安全生产技术改造与智能化的要求；《关于推动安全生产科技创新若干意见》中明确了安全生产科技创新目标方向，是安全生产实施创新驱动发展战略的系统部署，是保障安全生产形势持续稳定好转的顶层设计，为安全产业科技化道路奠定了基础。

二、产业规模逐步扩大

当前，我国安全产业已经初具规模。2009 年，国家安监总局调研估算出我国安全产业相关企业产值规模在 4200 亿元；工信部调研结果显示，在 2013年我国安全产业相关企业销售收入约 2066 亿元，估算出 2012 年我国安全产业相关企业产值规模在 5000 亿元以上。目前，根据抽样调查和估算，我国从事安全产品生产的企业超过了 4000 家，安全产品年销售收入超过了 6000 亿元，市场总体规模在万亿左右。其中，制造业生产企业占比约为 60%；服务类企业约占 40%。从分区域来看，东部沿海地区安全产业规模相对较大，不少优秀企业快速崛起，销售额稳步增长，利润丰厚，竞争力强，引领区域安全产业快速发展。

三、产业领取效应初显

2012 年印发指导意见以后，我国安全产业整体上呈现整体向好趋势，出现了以山东、江苏、安徽、辽宁为代表的安全产业集聚发展区。工业和信息化部与国家安全生产监督管理总局积极支持安全产业发展基础好、有潜力的地区开展安全产业园区（基地）的创建工作，先后将江苏省徐州安全科技产业园、辽宁省营口市中国北方安全（应急）智能装备产业园、安徽省合肥高新技术产业开发区共 3 个产业园区列为国家安全产业示范园区创建单位，其中徐州安全科技产业园已正式成为首个"国家安全产业示范园区"。此外，浙江乐清、广东东莞、重庆、四川绵阳、北京、河北怀安等也相继建起了安全产业园区。湖北省襄阳市、安徽省马鞍山市、四川省泸州市也先后在中国安全产业协会指导下建立了安全产业示范基地。

表 28 - 1 安全产业园区（基地）发展规模及目标

地区	起步时间	近期规模	规划规模（2020 年）
浙江乐清	2003 年	100 多亿元	—
安徽合肥	2009 年	200 多亿元	1000 亿元
广东东莞	2009 年	—	—
四川绵阳	2009 年	—	200 多亿元
重庆	2009 年	约 300 亿元	1000 亿元
北京	2011 年	—	600 亿元
江苏徐州	2011 年	约 200 亿元	260 亿元
辽宁营口	2013 年	约 100 亿元	600 亿元
河北怀安	2013 年	—	600 亿元

资料来源：赛迪智库整理，2017 年 1 月。

第三节 微观层面：建立安全产业投融资体系

设立安全产业发展投资基金是促进安全产业投融资体系建设的实质性举措。2015 年 11 月 5 日，工业和信息化部、国家安全生产监督管理总局、国家开发银行、中国平安在北京签署了《促进安全产业发展战略合作协议》，组建了国内首只安全产业发展投资基金，规模达 1000 亿元。工信部将在行业规划、政策指导、标准制定、产业布局、组织协调等方面发挥重要作用；国家安监总局将大力促进安全技术、装备推广应用；国家开发银行将在市场开拓、信用建设和资金融通等方面发挥优势；平安集团将在银行信贷、融资租赁等方面提供全方位的综合金融服务。上述单位各取所长的联手，对于支持安全产业中安全领域新技术、新产品、新装备、新服务业态的发展，政产学研用金相结合，通过培育以企业为主体、市场为导向的安全产业创新体系建设，着力解决制约我国安全技术和装备发展中的共性、关键性难题，提升我国安全技术和装备的整体水平，提高全社会的本质安全水平具有重大意义。2016年 10 月 24 日，在工业和信息化部的组织和指导下，徐州市政府与平安银行、上海银行、国开泰富基金管理公司等多家金融机构，签署了徐州安全产业发展投资基金战略合作协议，标志着总规模为 50 亿元的国内首只地方安全产业发展投资基金落户徐州。

第二十九章　2016年中国安全产业重点政策解析

安全产业是国家重点支持的战略产业，从2010年国务院发布《国务院关于进一步加强企业安全生产工作的通知》，首次从国家层面明确提出培育安全产业的要求开始，促进安全产业发展的政策不断出台，为安全产业的稳定快速发展奠定了良好的政策基础。2016年7月，工业和信息化部、财政部、国土资源部、环境保护部和商务部五部委联合印发《关于深入推进新型工业化产业示范基地建设的指导意见》，指导和促进产业集聚区规范发展和提质增效，推进制造强国建设，无疑对安全产业示范园区的创建起到积极的推进作用。2016年9月，国家安监总局发布了《关于推动安全生产科技创新若干意见》，它是今后一段时期安全生产科技创新的顶层设计文件，是安全生产实施创新驱动发展战略的系统部署。2016年12月，中共中央、国务院联合印发《中共中央国务院关于推进安全生产领域改革发展的意见》，是第一个以党中央、国务院名义出台的安全生产工作的纲领性文件，对推动我国安全生产工作具有里程碑式的重大意义，提出了加快安全技术装备改造升级、健全安全生产投融资服务体系等系列助力安全产业发展的要求。

第一节　《中共中央国务院关于推进安全生产领域改革发展的意见》

党中央、国务院历来高度重视安全生产工作，2016年12月18日，中共中央、国务院历史性地联合印发《中共中央国务院关于推进安全生产领域改革发展的意见》（以下简称《意见》），提出当前和今后一个时期一系列安全生产领域的改革举措和任务要求，为安全生产工作指明了发展方向和路径。

一、政策要点

（一）五大基本原则指导改革发展，五项任务要求明确发展路径

《意见》要求坚持安全发展、改革创新、依法监管、源头防范和系统治理五大基本原则。坚持安全发展，是党中央、国务院"以人为本"思想的具体体现；坚持改革创新，是在安全生产形势严峻态势下灵活制定工作思路的创新之举；依法监管是党领导人民依法治国基本方略在安全生产领域的实际应用；源头防范和系统治理则集中体现了国家对本质安全、源头预防和社会共治的重视。

《意见》确定的五项重点任务分别是健全落实安全生产责任制、改革安全监管监察体制、大力推进依法治理、建立安全预防控制体系和加强安全基础保障能力建设，分别从制度落实和改革、防御体系建设角度提出了当前和今后一段时期安全生产领域的重点工作。

（二）明确红线，规定责任，实行重大安全风险"一票否决"

《意见》明确提出，坚守"发展决不能以牺牲安全为代价"这条不可逾越的红线，规定了"党政同责、一岗双责、齐抓共管、失职追责"的安全生产责任体系，要求建立企业落实安全生产主体责任的机制，建立事故暴露问题整改督办制度，建立安全生产监管执法人员依法履行法定职责制度，实行重大安全风险"一票否决"。

（三）极易导致重大生产安全事故的违法行为将入刑法

在大力推进依法治理方面，《意见》强调健全法律法规体系。建立健全安全生产法律法规立改废释工作协调机制。加强涉及安全生产相关法规一致性审查，增强安全生产法制建设的系统性、可操作性。制定安全生产中长期立法规划，加快制定修订安全生产法配套法规。加强安全生产和职业健康法律法规衔接融合。研究修改刑法有关条款，将生产经营过程中极易导致重大生产安全事故的违法行为列入刑法调整范围。制定完善高危行业领域安全规程。设区的市根据立法法的立法精神，加强安全生产地方性法规建设，解决区域性安全生产突出问题。

（四）改革生产经营单位职业危害预防治理和安全生产国家标准制定发布机制

完善标准体系。加快安全生产标准制定修订和整合，建立以强制性国家标准为主体的安全生产标准体系。鼓励依法成立的社会团体和企业制定更加严格规范的安全生产标准，结合国情积极借鉴实施国际先进标准。国务院安全生产监督管理部门负责生产经营单位职业危害预防治理国家标准制定发布工作；统筹提出安全生产强制性国家标准立项计划，有关部门按照职责分工组织起草、审查、实施和监督执行，国务院标准化行政主管部门负责及时立项、编号、对外通报、批准并发布。

（五）取消企业安全生产风险抵押金制度

在加强安全基础保障能力建设方面，《意见》要求发挥市场机制推动作用。取消安全生产风险抵押金制度，建立健全安全生产责任保险制度，在矿山、危险化学品、烟花爆竹、交通运输、建筑施工、民用爆炸物品、金属冶炼、渔业生产等高危行业领域强制实施，切实发挥保险机构参与风险评估管控和事故预防功能。

2004年，《国务院关于进一步加强安全生产工作的决定》（国发〔2004〕2号）第十八条规定"建立企业安全生产风险抵押金制度"。2006年，为强化企业安全生产意识，落实安全生产责任，保证生产安全事故抢险、救灾工作的顺利进行，财政部、国家安监总局和中国人民银行三家单位于2006年7月26日联合发布了《企业安全生产风险抵押金管理暂行办法》（以下简称《办法》），于2006年8月1日起正式施行。《办法》规定，安全生产风险抵押金是指企业以其法人或合伙人名义将本企业资金专户存储，用于本企业生产安全事故抢险、救灾和善后处理的专项资金。省级安全监管部门及同级财政部门要结合企业产量、销售收入等综合因素，确定风险抵押金的具体存储金额：小型企业不低于30万元；中型企业不低于100万元；大型企业不低于150万元；特大型企业不低于200万元。风险抵押金最高存储金额原则上不超过500万元。

自《办法》施行以来，不断有专家学者指出，在企业安全生产工作实践中，企业安全生产风险抵押金因逐级摊派等原因未能充分发挥保障安全生产责任落实的作用，应当加以完善或用其他方法进行替代。经过多年的探索和论证，安全生产责任保险制度在保障安全生产责任落实方面更具有优越性，因此施行十年之久的企业安全生产风险抵押金制度在 2016 年被宣布取消，取而代之的是建立健全更能发挥市场机制推动作用的安全生产责任保险制度。

二、政策解析

《意见》提出的"安全发展、改革创新、依法监管、源头防范、系统治理"五大发展原则对安全生产工作提出了创新性要求，以往安全生产工作一贯采用的事后处理方法主要被作为预防手段无效情况下的补充措施。对于为安全生产、防灾减灾、应急救援提供安全技术、产品和服务的安全产业来说，面临着一个新的发展机遇与挑战。

（一）安全产业顺应安全生产的源头治理需要

一是重点领域亮点产品不断涌现，发挥安全保障作用。2016 年 7 月，习近平总书记强调：要把遏制重特大事故作为安全生产整体工作的"牛鼻子"来抓，在煤矿、危化品、道路运输等方面抓紧规划实施一批生命防护工程，积极研发应用一批先进安防技术，切实提高安全发展水平。以智能制造和"互联网＋"为引领，先进制造技术和新一代信息技术正在对传统的安全产业进行渗透与改变，安全产业智能化的步伐正在加速，两化融合促进安全生产工作取得显著成绩。我国开展了矿山 GIS、矿山现场总线、井下安全避险六大系统、矿井移动设备无线接入、新型绿色防火建材、新型集成式建筑脚手架、公路安全生命防护工程、车联网安全应用、道路交通运输安全物联网应用、城市安全物联网应用、汽车主动安全技术、危险化学品监测预防系统、智能开采成套设备、大型固定设备无人值守监测、灾害监测预警、应急救灾通信和装备等技术研发、示范应用和产品推广等工作。

二是产业集聚效应显著，示范园区建设步伐加快。安全产业园区建设是安全产业企业集聚发展的载体和根本。当前，安全产业园区正进入快速发展期。工信部与国家安监总局积极支持安全产业发展基础好、有潜力的地区开展安全产业园区（基地）的创建工作，先后将江苏省徐州安全科技产业园、辽宁省营口市中国北方安全（应急）智能装备产业园、安徽省合肥安全产业园区共 3 个产业基地列为国家安全产业示范园区创建单位。其中，徐州安全科技产业园经过三年的创建，产业集聚效果显著，已于 2016 年 8 月正式获批首个"国家安全产业示范园区"。此外，重庆、吉林、江苏、陕西等地已形成安全产业集聚区，济宁、太原、乌鲁木齐等地也建设热情高涨，提出创建安全产业示范园区的申请，湖北省襄阳市、安徽省马鞍山市、四川省泸州市还先后在中国安全产业协会指导下建立了安全产业示范基地。从发展区域来看，东部沿海地区安全产业规模相对较大，不少优秀企业迅速崛起，销售额稳步增长，利润丰厚，竞争力强，引领区域安全产业快速发展。

三是创新安全产业投融资体系建设，激发市场活力。设立安全产业发展投资基金是促进安全产业投融资体系建设的实质性举措。2015 年 11 月 5 日，工信部、国家安监总局、国家开发银行、中国平安在北京签署了《促进安全产业发展战略合作协议》，拟组建国内首只安全产业发展投资基金，支持安全产业中新技术、新产品、新装备、新服务业态的发展，通过培育以企业为主体、市场为导向的安全产业创新体系建设，政产学研用金相结合，着力解决制约我国安全技术和装备发展中的共性、关键性难题，提升我国安全技术和装备的整体水平。2016 年 10 月 24 日，徐州市政府与平安银行、上海银行、国开泰富基金管理公司等多家金融机构，签署了徐州安全产业发展投资基金战略合作协议，标志着总规模为 50 亿元的国内首只地方安全产业发展投资基金落户徐州。

国家安监总局和财政部于 2012 年出台的《企业安全生产费用提取和使用管理办法》和正在修订的《安全生产专用设备企业所得税优惠目录（2016版）》，以及各地方上千亿元的安全生产专项费用等，都从财政和税收等方面为安全技术、装备和服务提供了可靠保障。

四是社会中介服务有力地发挥了促进产业发展作用。在工信部、国家安监总局、民政部等部委的支持下，中国安全产业协会于 2014 年 12 月成立，充分发挥了企业与政府间的桥梁、纽带作用，有力促进了安全产业的发展。会员单位从最初成立时的 251 家增加到 700 多家，成立了物联网分会、消防行业分会、矿山分会、建筑行业分会、电子商务分会和石化分会等六个专业分会，先后指导湖北省襄阳市、安徽省马鞍山市建设安全产业示范城市，四川省泸州市江阳区建设安全产业示范基地，在河北张家口市等地设立了办事处。工信部赛迪研究院安全产业所、国家安监总局安科院公共安全所等研究机构也加强产业研究，从国内外安全产业发展、安全产业政策、地方安全产业规划等方面开展了大量工作，赛迪研究院还先后在 2015 年和 2016 年出版了安全产业发展年度蓝皮书。

（二）《意见》出台，安全产业迎来发展新机遇

发展安全产业符合《意见》要求的"健全投融资服务体系，引导企业集聚发展灾害防治、预测预警、检测监控、个体防护、应急处置、安全文化等技术、装备和服务产业"。今后一段时期，安全产业的安全保障作用亟待在《意见》框架下充分释放，重点将在建立安全预防控制体系和加强安全基础保障能力建设方面推进具体工作，一个主要抓手就是安全产业投融资平台的建设和完善，在这方面，安全产业投资基金将扮演重要角色。

安全产业将按照《意见》指出的重点方向加倍努力。《意见》提出"要完善长途客运车辆、旅游客车、危险物品运输车辆和船舶生产制造标准，提高安全性能，强制安装智能视频监控报警、防碰撞和整车整船安全运行监管技术装备，对已运行的要加快安全技术装备改造升级"。这是对占我国安全事故死亡人数 85% 以上的交通领域提出的实际要求和具体措施，体现了《意见》的务实与担当。面对交通运输、矿山、建筑、危化品等安全生产重点领域的安全保障需要，随着我国实施"中国制造 2025""互联网＋"等制造强国战略行动，安全产业也将得益于互联网、智能机器人、智能制造、新型能源、新型传感器等新技术的应用，将从被动防护为主，逐渐转向主动安全为主，从单纯的劳动防护用具，转向智能化、全方位监控乃至特殊危险领域的"机器换人"等，推动全社会本质安全目标的实现。

（三）如何做好今后一段时期发展安全产业促进安全生产工作

一是落实《意见》精神，健全完善促进安全产业发展体制机制。第一，根据我国经济社会的发展和安全形势的迫切需要，有必要在《促进安全产业发展指导意见》基础上，由国务院出台专门的文件，进一步明确当前支持安全产业发展的政策。第二，在国务院文件的基础上，建议由国家发改委、工信部、国家安监总局等有关部委指导建立健全推进安全产业发展的管理体系。第三，健全完善地方安全产业发展体制机制，从部门、人员等方面建立明确

的和经常性的联络沟通渠道。

二是立足源头防治，明晰新形势下安全产业范围。随着我国安全生产形势持续稳定好转，加强源头防范和系统治理的要求日益增长，安全产业所支撑和服务的对象也需要有所调整。从2010年国务院首次提出安全产业概念已经过去7年多时间，我国经济社会已经发生了很大变化，安全发展的要求也在不断变化中。因此，新时期安全产业应该根据变化了的安全发展新情况、新要求，对自身的属性、特点和范畴进一步理清，划清具体产品、技术、服务的产业范围，以方便产业统计和产品推广应用。借鉴发达国家安全产业发展的经验，将以生产安全为重点的保障范围，更多向社会安全和公共安全扩展，以适应我国"总体国家安全观"的需要，在维护国家安全与创新社会治理、健全公共安全体系等方面发挥应有作用。

三是抓住重点，加快先进安全技术和产品的推广应用。《意见》针对我国安全事故多发行业和领域提出了加快治理整顿的要求，安全产业肩负着落实技防和物防措施的职责。首先应建设安全产业项目库。以出台《安全产业重点项目遴选管理办法》和项目征集指南为手段，通过地方工信、安监等部门、产业协会等，征集先进安全技术与产品项目。其次，支持安全技术和产品推广应用。以智能安全技术和产品推广应用为重点，依托国家"互联网＋""中国制造2025"等重大战略，大力发展"互联网＋安全"，重点发展智能建筑安全装备、智慧城市安全监控管理系统、智慧矿山安全系统、智能交通安全管理系统、智能汽车主动安全系统、智能安全应急救援装备和信息化管理系统等，在提高安全生产、防灾减灾、应急救援所需的技术、产品和服务能力的同时，不断培育新的经济增长点。

四是健全体系，通过金融手段促进安全产业提升。《意见》中明确将健全投融资服务体系作为引导产业发展的核心，未来安全产业有望成为投融资支持的亮点。第一，鼓励安全产业细分行业并购重组，整合市场资源，提高行业盈利能力，降低供应链脆弱程度，提高行业信用水平，改善行业融资困难的现状；第二，依托产业基金推动企业升级转型，淘汰企业落后产能、提高产品附加值，增强企业竞争能力；第三，运用保险、租赁、债券、上市等多种手段，促进安全产业企业快速发展和转型升级。

第二节 《深入推进新型工业化产业 示范基地建设的指导意见》 （工信部联规〔2016〕212 号）

"新型工业化产业示范基地"（以下简称"示范基地"）是指按照新型工业化内涵要求建设提升、达到先进水平的产业集聚区。《深入推进新型工业化产业示范基地建设的指导意见》（以下简称《指导意见》）的目的是为贯彻落实《中国制造 2025》《国民经济和社会发展第十三个五年规划纲要》、国家重大区域发展战略等有关部署，进一步做好国家新型工业化产业示范基地创建和经验推广，在更高层次上发挥示范基地引领带动作用，促进产业集聚区规范发展和提质增效，推进制造强国建设。

《指导意见》出台后所要达到的目标是到 2020 年，规模效益突出的优势产业示范基地从现有的 333 家稳步提升到 400 家左右，发展一批专业化细分领域竞争力强的特色产业示范基地，形成 10 个以上具有全球影响力和竞争力的先进制造基地。到 2025 年，示范基地的核心竞争力和品牌影响力不断增强，卓越提升计划取得明显进展，一批具有全球影响力和竞争力的先进制造基地成为我国制造强国建设的重要标志和支撑。

一、政策要点

（一）明确发展方向，提升示范基地建设质量和效益

按照新型工业化发展新内涵和新要求，深入推进示范基地建设，提升发展水平，加快形成新型工业化发展新格局。引导示范基地完善创新环境，集聚创新资源，构建各创新主体紧密协作的创新网络，加快创新成果转化，加强知识产权保护，探索新模式，培育新业态，实现发展动力转换。落实京津冀协同发展、长江经济带发展、"一带一路"建设等重大区域发展战略的有关要求，围绕《中国制造 2025》重点领域，结合示范基地自身特点，有所为、有所不为，加快培育创新动力强劲、特色优势突出、平台支撑有力的产业集

群，成为东部地区开放创新的新高地、中西部地区经济增长的重要支撑、跨区域产业转移合作的主要载体。鼓励示范基地向智能化方向转型，加快推进示范基地与"互联网＋"融合发展，开展智能制造、工业互联网试点示范，引领产业优化升级。鼓励示范基地全面推行绿色制造，促进企业、园区、行业间链接共生、原料互供、资源共享，推动产品、工厂、园区绿色化发展，打造绿色供应链。

（二）加强统筹指导，完善示范基地体系建设

加强对示范基地的指导和支持，总结推广示范基地创建经验，按照"培育一批、创建一批、提升一批"的总体思路，梯度推进，进一步完善示范基地体系建设。培育一批有特色优势的产业集聚区，作为省级示范基地的储备，带动地方经济发展。在省级示范基地的基础上，按照国家级示范基地的标准，好中选优，遴选创建一批国家级示范基地，参与更高层次合作与竞争。实施示范基地卓越提升计划，优选处于全国领先水平的国家级示范基地，与国际先进产业园区、产业集群加强交流合作，集中各方资源力量，打造一批具有全球影响力和竞争力的先进制造基地。

（三）推进产业升级，发挥示范基地引领带动作用

结合各类型示范基地的行业领域特点和提升发展需求，明确转型升级的重点和方向，打通关键发展环节，解决发展瓶颈问题，提高产业层次水平，进一步发挥示范基地对重点行业领域发展的引领示范和辐射带动作用。推动电力装备、轨道交通装备等产业领域的示范基地，进一步放大中国"名片"效应；积极培育新能源汽车、航空航天、船舶和海洋工程装备、工业机器人等战略性领域的示范基地；加快工程机械、农业机械等传统优势领域示范基地的转型升级；依托示范基地加快建设"四基"企业集聚区。加强核心电子器件、高端通用芯片、基础软件产品、信息技术服务、工业大数据、工业云、智能硬件、计算机与通信设备、卫星通信导航、智能感知等关键技术、产品和服务的研发创新及应用，发展检验检测、技术交易、成果转化、知识产权、专利代理、科技咨询、创业培训等公共服务平台，提高资源配置和使用效率，打造一批协同发展的优势产业链，构筑从基础研究到技术研发和成果转化的创新链。加大技术开发力度，加强品种结构调整，发展高技术含量、高附加值产品，加快发展新材料产业。积极适应新的消费方式变化，针对差异化和个性化的消费需求，改善供给结构，在示范基地实施"三品"战略，创新丰富产品品种，提升产品质量品质，创建优质产品品牌。进一步突出示范基地的军民融合特色，调整优化产业结构，加速向产业链、价值链、创新链的高端迈进。鼓励、引导和支持新兴产业领域示范基地的培育，重点推动工业设计、研发服务、工业物流等服务型制造领域、节能环保安全领域，以及围绕"互联网＋"涌现的新产业、新业态发展。

（四）保障措施

建立工业和信息化、发展改革、科技、财政、国土、环保、商务、海关总署等政府部门之间的沟通协调机制，充分利用国家和地方合作机制推动示范基地建设，充分发挥行业协会、研究机构、咨询机构、高校等多层次、多领域、多形态的智库作用，为示范基地建设提供强大的组织保障。利用现有资金渠道支持示范基地项目建设，引导金融机构加大对示范基地重大工程和项目支持力度，对新增建设用地要向投入产出效益高、土地综合利用效率高的示范基地及企业倾斜，在政策上对示范基地建设予以支持。完善国家级示范基地相关管理办法，完善示范基地经济运行监测体系和信息管理制度，组织开展示范基地发展质量评价工作，推进示范基地的管理工作。围绕示范基地主导产业发展需求，引进"高精尖缺"专业技术人才；推动与国外先进园区和知名企业合作，加强示范基地管理人才和企业管理人才培养；构建校企对接平台，加强示范基地与职业院校合作，健全人才培养体系。鼓励通过联盟等形式，推动示范基地建立行业性、区域性的合作交流平台，完善合作交流机制。

二、政策解析

（一）《指导意见》对示范基地的发展质量和效益提出了新要求

《指导意见》提出的示范基地效益目标是："十三五"期间，示范基地培育、创建、提升体系不断完善，启动示范基地卓越提升计划，示范基地的发展质量和效益明显提高，示范引领带动作用更加明显，在我国工业经济稳增长、调结构、增效益中发挥更加突出的作用。《指导意见》要求，全面贯彻党的十八大和十八届三中、四中、五中全会精神，按照发展新理念和新要求，以提高发展质量和效益为中心，以供给侧结构性改革为主线，以协同创新、集群集约、智能融合、绿色安全为导向，通过实施分级、分类指导，加强动态管理，创新体制机制，巩固提升已有优势，加快培育发展新动能，不断增强核心竞争力，构建从培育、创建、提升到打造卓越的示范基地体系，推动产业集聚区向示范基地转型升级，充分发挥示范基地的支撑引领带动作用，加快推动我国从制造大国向制造强国的历史性跨越。

（二）《指导意见》为示范基地指明了发展方向

坚持协同创新发展。鼓励示范基地营造利于创新要素集聚和紧密协作的环境与平台，加快技术产品、业态模式和体制机制创新，推动示范基地步入创新驱动的发展轨道。积极参与全球创新合作与产业交流，提高示范基地国际化水平。

坚持集群集约发展。引导不同行业和地区的示范基地进一步发挥各自优势，形成特色鲜明、优势突出、差异化发展的产业集群。促进生产要素集约高效利用，提高示范基地投入产出强度和能源资源综合利用水平。

坚持智能融合发展。加快推动示范基地与"互联网＋"融合发展，推进示范基地企业生产和园区管理的数字化、网络化、智能化，发展工业互联网，积极培育智能制造新业态新模式，建设成为推进两化深度融合发展的示范平台。

坚持绿色安全发展。按照产品全生命周期管理要求，推动示范基地节能减排降耗，大力发展循环经济，构建清洁、低碳、循环的绿色制造体系，建立健全安全生产管理体系、产品质量追溯体系，加强应急管理，走绿色、安全、可持续的发展道路。

（三）《指导意见》为示范基地的发展确立了保障体系

在统筹协调方面，《指导意见》要求政府部门与金融机构加大交流合作，建立健全各地区示范基地工作机制和组织保障；利用国家和地方合作机制，形成政策与资金支持合力；发挥多层次、多领域、多形态的智库作用，为示范基地的发展提供强大智力支持。

在政策支持方面，《指导意见》要求支持通过鼓励PPP模式，推动专项资金支持示范基地建设，搭建资金、技术、人才与产业对接平台，吸引社会资本参与示范基地基础设施和公共服务平台建设；促进示范基地内企业与银行对接，建立银企交流机制，支持保险机构在示范基地内积极发展保险产品和服务；推进节地技术和节地模式，开展节约集约用地评价考核，探索工业用地节地节约利用的税收调控方式。

在规范管理方面，《指导意见》要求分地区、分行业建立健全示范基地创建和管理的规范要求；依托制造强国产业基础大数据等平台，做好监测预测预警分析和相关研究；建立分级分类指导的工作基础，加强动态管理，完善退出机制，保持示范基地发展先进性。

在人才培养体系方面，《指导意见》支持示范基地骨干企业与高校院所合作，共同建设研究生培养（实习）基地、行业公共（共性）技术平台。组织实施示范基地"博士服务团""专家服务团"行动计划；选拔示范基地中小企业经营管理人才参加领军人才培训班，培养造就一批具有战略眼光、市场开拓精神和管理创新能力的优秀经营管理人才队伍；形成政府、行业、企业和社会力量四位一体的高技能人才开发培养体系。

在示范带动方面，《指导意见》鼓励示范基地建立行业性、区域性的合作交流平台；通过编制发布示范基地年度发展报告、媒体宣传等多种渠道和方式，加大对示范基地推进工作成效和典型经验的宣传力度；鼓励示范基地以"一带一路"沿线国家、境外产业园区为重点，有序参与重点领域投资合作，支持以示范基地为载体，开展国际合作园区建设。

第三节　《关于推动安全生产科技创新若干意见》
（安监总科技〔2016〕100 号）

2016 年 9 月 21 日，国家安监总局发布了《关于推动安全生产科技创新若干意见》（安监总科技〔2016〕100 号，以下简称《意见》），《意见》是今后一段时期安全生产科技创新的顶层设计文件，是安全生产实施创新驱动发展战略的系统部署方案。《意见》明确了安全生产科技创新目标方向，厘清了基本思路并提出了一系列重大举措，为全国安全生产科技创新工作提供了指导。

一、政策要点

（一）《意见》出台的背景

《意见》是为深入贯彻落实党中央、国务院部署和全国科技大会精神，加快推动安全生产领域事故预防、职业病危害防治、应急救援和监管监察执法原创性科学研究和技术创新，适应新时期安全生产对科技创新工作的新要求而发布的。2016 年 5 月，中共中央、国务院印发《国家创新驱动发展战略纲要》，提出了建设世界科技强国的目标和"三步走"的发展战略，确立了科技创新作为国家重大发展战略的重要地位。党的十八大以来，习近平总书记先后七次召开中央政治局常委会和一次政治局集体学习会对安全生产工作进行集体研究，并在会上作出重要指示，强调要"坚持以人为本、生命至上"，"坚持问题导向，着力补齐短板、堵塞漏洞、消除隐患，着力抓重点、抓关键、抓薄弱环节"，"坚持标本兼治，坚持关口前移"，"构建公共安全人防、物防、技防网络"，强调了科技创新在安全生产工作中的重要地位，指明了安全生产科技创新工作的方向。

（二）《意见》对安全生产科技创新工作的总体要求

《意见》要求，要以习近平总书记系列重要讲话精神为指导，牢固树立安全发展观念，大力弘扬创新驱动发展理念，全面提高安全生产科技创新能力，坚持改革创新，强化问题导向，夯实科技基础，营造良好的安全生产科技创新氛围，深入开展安全生产科技重大技术难题攻关、成果转化和推广应用，切实提升安全生产风险防控能力，为有效遏制重特大事故频发势头、促进安全生产形势持续稳定好转提供强有力的科技支撑和保障。力争到 2020 年，一批国家、区域重点实验室和研发试验基地建成运行，安全生产基础理论研究取得新的进展，重大事故致灾机理研究取得重大突破，原创性科技成果数量、质量稳步提升，灾害事故和职业病危害预防与风险控制技术日趋成熟，安全监管监察执法和应急救援科技含量明显提高，事故调查处理的科学性和时效性进一步提高，科技创新人才队伍结构更加合理，安全产业进一步发展壮大，基本建成与经济社会发展相适应的安全生产科技创新体系，科技创新对经济社会安全发展保障能力显著增强。

（三）安全生产科技创新五大工作

为全面提高安全生产科技保障能力，促进安全生产科技创新快速发展，《意见》从五方面提出了下一阶段的主要任务。

一是推动安全生产科技创新基础建设。推动安全生产科技创新平台建设，充分发挥现有科技研发机构的科技支撑作用。引导企业安全生产科技创新能力建设，发挥企业创新主体作用；引导规模以上企业加大安全科技资金投入，建立企业研发机构；鼓励中小企业与优势科研院所、高等院校开展互利合作，促进高校科研成果落地转化；加快企业先进安全生产技术装备应用，提高防范生产安全事故和职业病危害能力。

二是强化安全生产科技攻关。加强安全生产基础理论创新，以安全发展、安全监管、事故防范基础理论研究为突破口，加大安全生产基础研究投入，组织实施一批安全生产基础理论课题，以安全生产长效机制和工矿商贸企业典型重大事故风险辨识、致灾机理、演化过程、多灾耦合为核心进行专项研究。推进安全生产重大共性关键技术攻关，建立主动预防型的安全生产科技研发机制，推进矿山、危化品、冶金、职业病危害防治、城市安全和应急救援领域的安全生产共性关键技术攻关和重大智能装备研发。攻克安全生产急需破解的技术难题，坚持问题导向，强化同类多发和典型重特大生产安全事故技术原因分析，对于急需破解的技术难题，采取自上而下的方式，组织科研团队、集中优势资源进行攻关。

三是加快科技成果转化推广。着力推进"机械化换人、自动化减人"，在高危行业领域深入实施"机械化换人、自动化减人"，建设一批示范应用性强、实际使用效果好的先进安全技术示范工程，强力推进单班入井超千人矿井科技减人工作。大力推广防治事故灾害先进技术装备，以"超前预测、主动预警、综合防治"事故灾害为重点，加大防范和遏制重特大事故先进技术装备推广。推动建设一批技术防范重点工程，针对可能引发重特大事故的重点区域、单位和关键部位、环节，积极推进高风险企业开展安全技术改造和工艺设备更新，加强远程监测预警、自动化控制和紧急避险、自救互救等设施设备的使用，强化技术防范。加快信息技术与安全生产的深度融合，围绕提升安全风险辨识管控能力、事故隐患预测预警能力和新情况及时发现感知能力，全面推进安全生产信息化。加快完善安全生产技术标准体系，加快煤矿、金属非金属矿山、危险化学品、烟花爆竹、金属冶炼、职业病危害防治、应急救援等高危行业领域及个体防护领域安全生产技术标准体系建设，提升标准的科学性和针对性。以监测预警、预防防护、处置救援、安全技术服务和监管监察执法技术装备为重点，适应现代产业发展规律，加强规划布局、指导和服务，构建互联网＋智能安全产业体系和安全产业投融资服务体系，加快做大做强安全产业，提升安全生产先进技术装备供给能力。

四是加强安全生产科技创新人才队伍建设。加快安全生产科技人才培养，贯彻落实人才强国战略，改进安全生产科技人才培养与形成机制，建设一批安全工程学院、院士工作站，努力建设一支结构合理、素质优良的安全生产科技创新人才队伍。打造安全生产科技智库，以高度专业化、学术化、技能化为导向，组建运作高效、勇于担当、可依赖的专家队伍。

五是营造充满活力的科技创新环境。构建产学研用结合的科技创新体系，加快建设需求牵引、市场与应用为导向、产学研用紧密结合的协同创新机制。加大安全生产科技创新投入，加快形成多渠道、多层次、多元化的安全生产科技创新投入体系。完善安全生产科技激励政策，建立健全以质量、贡献、绩效为导向的科技成果分类评价体系，合理评价安全生产科技成果的科学价值、技术价值、经济价值、社会价值。引导全社会参与安全生产科技创新，发布安全生产科技攻关重点课题，设立指导性研究计划，壮大安全生产科技创新力量。宣传推广安全生产科技创新成果，推动安全生产科技创新成果普及，提高全社会安全生产意识和科学文化素质。加强安全生产科技国际交流合作，加强国外先进适用技术的引进、消化、吸收再创新，集中资源支持有条件的安全生产科研院所、高等院校争创世界一流安全科研机构和安全学科，努力扩大我国参与安全生产国际事务影响力。

二、政策解析

（一）《意见》为加强安全生产科技创新发展提出了基本要求

第一，《意见》强调了发挥企业在安全生产科技创新工作中的主体作用，将企业作为创新主体，有利于科研机构、高等院校的科研成果转化，有利于针对性的解决安全生产工作中的重点问题，有利于安全生产先进技术设施的快速装备。第二，《意见》强调了安全生产科技创新基础设施建设对科技创新工作和人才培养工作的重要意义，要求充分发挥现有研究机构的作用，支援、鼓励建设一批能够有效发挥科技支撑作用的研究院所和研究机构。科技创新基础设施建设作为安全生产科技创新工作的基础之一，能够为建设世界一流安全科研机构提供基础保障，能够通过"产学研用"合作共建加强企业科研能力、增强科研成果转化效率。第三，《意见》强调了安全生产科技创新人才队伍建设对科技创新工作的重要意义，要求从高端安全生产科技人才入手，利用 5 年时间首先培养在安全生产工作各项领域培养造就若干名杰出专家、领军人物、安全生产青年创新英才，强化、发挥安全生产人才培养工作中的龙头效应，充分保障安全生产科技创新的可持续性能力，为建设世界一流安全学科提供保障。

（二）《意见》围绕遏制重特大事故进行了六大部署

为遏制重特大事故多发态势，《意见》从六方面对下一阶段安全生产科技创新工作进行了整体部署。一是开展重特大事故灾害机理、防治理论研究，加强基础理论创新；二是开展重特大事故防治关键技术装备研究，推进安全生产重大共性关键技术攻关；三是开展同类多发和典型重特大生产安全事故技术分析，攻克安全生产急需破解的技术难题；四是着力推进"机械化换人、自动化减人"，强力推进单班入井超千人矿井科技减人工作；五是大力推广防治事故灾害先进技术装备；六是推动建设一批技术防范重特大事故的重点工程。《意见》从软科学及基础理论研究、重特大事故防治关键技术装备研究两方面，列出了 29 项安全生产科技攻关重点课题，通过从六方面安全生产科技创新工作进行规划，《意见》再次强调了科技创新对安全生产工作的重要保障作用，明确了安全生产科技创新工作的目的性，以推动安全生产领域科研能力的创新和保障能力的提高。

（三）"机械化换人、自动化减人"是新时期科技创新工作重点

为促进重点行业生产活动本质安全水平全面提高，《意见》将"机械化换人、自动化减人"作为新时期安全生产科技创新的中心工作进行了系统部署。

"机械化换人、自动化减人"能够有效减少高危场所作业人员数量，以自动化控制减少人为操作、减少人为失误，实现"无人则安，少人则安"，从本质上防范和遏制重特大事故。

"机械化换人、自动化减人"作为安全生产科技创新工作的核心，在促进安全生产科技创新向远程遥控、智能化操作发展方面也具有积极作用。在2015年国务院印发的《中国制造2025》（国发〔2015〕28号）中，明确了安全生产在制造业传统领域结构改造中的重要作用，机械化和自动化生产方式的普及作为智能制造进行的基础，能够有效促进我国制造业科技创新工作不断进行。

热 点 篇

第三十章 党中央对安全生产工作高度重视

2016 年以来，国家高度重视安全生产工作，多次对安全生产工作作出重要指示，并多次召开会议传达党中央和国务院对安全生产工作的部署和决策，一方面说明了中央对安全生产工作的高度重视，另一方面反映出我国当前面临的安全生产形势尤为严峻，安全生产问题复杂棘手等状况。做好安全生产工作，需要特别强调"红线意识"，加强事前防范，同时严格落实"问责机制"，只有双管齐下，才能从根本上提升我国安全生产管理工作的层次和水平。

党中央、国务院历来高度重视安全生产工作，2016 年尤为明显：从开年的政治局常委会会议习近平总书记对安全生产工作提出 5 点要求，到年中习近平总书记对加强安全生产和汛期安全防范工作作出重要指示，强调"以对人民极端负责的精神抓好安全生产工作"，再到中央全面深化改革领导小组第二十八次会议审议通过《关于推进安全生产领域改革发展的意见》以及全年共三次召开的全国安全生产电视电话会议，数度出台的关于加强安全生产工作系列重要决策部署，释放出党中央和国务院对安全生产工作越来越重视的强烈信号。

表 30 – 1　2016 年党中央、国务院对安全生产工作的系列重要决策部署

序号	时间	事件	主要内容
1	2016 年 1 月 6 日	中共中央政治局常委会会议	中共中央总书记、国家主席、中央军委主席习近平发表重要讲话，对全面加强安全生产工作提出明确要求，强调血的教训警示我们，公共安全绝非小事，必须坚持安全发展，扎实落实安全生产责任制，堵塞各类安全漏洞，坚决遏制重特大事故频发势头，确保人民生命财产安全。
2	2016 年 1 月 6 日	国务院召开全国安全生产电视电话会议	会议指出，有关各方要深入贯彻落实习近平总书记、李克强总理关于安全生产的一系列重要指示批示精神，坚持人民利益至上，牢固树立安全生产红线意识，切实落实企业主体责任、部门监管责任、党委和政府领导责任三个责任体系，狠抓改革创新、依法治理、基础建设、专项整治四项重点工作，努力实现事故总量继续下降、死亡人数继续减少、重特大事故频发势头得到遏制三项任务，促进全国安全生产形势持续稳定向好。会议强调，针对岁末年初事故易发多发的情况，要强化红线意识和责任担当，对安全生产工作再检查再落实；认真开展安全隐患大排查大整治，强化打非治违；突出城市建设运行安全风险防范，强化重点行业领域安全监管，严防各类事故发生。
3	2016 年 1 月 30 日	国务院办公厅印发《强制性标准整合精简工作方案》	强调强制性标准是监管的底线，事关人身健康和生命财产安全、国家安全和生态环境安全，是经济社会运行的底线要求。在新标准制订发布前，确保原标准正常实施和发挥作用，不造成监管真空，不降低安全底线。
4	2016 年 3 月 5 日	国务院总理李克强作《政府工作报告》	国务院总理李克强强调，生命高于一切，安全重于泰山。必须坚持不懈抓好安全生产和公共安全，加强安全基础设施和防灾减灾能力建设，健全监测预警应急机制，提高气象服务水平，做好地震、测绘、地质等工作。完善和落实安全生产责任、管理制度和考核机制，实行党政同责、一岗双责、失职追责，严格监管执法，坚决遏制重特大安全事故发生，切实保障人民生命财产安全。
5	2016 年 3 月 17 日	《国民经济和社会发展第十三个五年规划纲要》全文发布	《纲要》设"健全公共安全体系"专章，该专章有四节，分别为全面提高安全生产水平、提升防灾减灾救灾能力、创新社会治安防控体系、强化突发事件应急体系建设。

序号	时间	事件	主要内容
6	2016 年 5 月 30 日	国务院印发《关于建立完善守信联合激励和失信联合惩戒制度加快推进社会诚信建设的指导意见》	对严重危害人民群众身体健康和生命安全、严重破坏市场公平竞争秩序和社会正常秩序等行为，大幅提高其失信成本。
7	2016 年 7 月 20 日	中共中央政治局常委会会议	中共中央总书记、国家主席、中央军委主席习近平发表重要讲话，对加强安全生产和汛期安全防范工作作出重要指示，强调安全生产是民生大事，一丝一毫不能放松，要以对人民极端负责的精神抓好安全生产工作，站在人民群众的角度想问题，把重大风险隐患当成事故来对待，守土有责，敢于担当，完善体制，严格监管，让人民群众安心放心。
8	2016 年 7 月 20 日	国务院召开全国安全生产电视电话会议	会议强调，各地区、各部门要认真贯彻落实习近平总书记重要指示精神，按照国务院要求，扎实做好汛期和下半年安全生产重点工作。要高度警惕汛期灾害性天气带来的威胁，突出矿山、尾矿库、危化品、建筑施工、交通运输、旅游等重点行业领域和易受灾害影响的重点部位，对汛期安全防范工作进行再检查再落实，确保灾害监测预警及时、风险隐患治理管控到位、应急处置和保障有力。要在总结巩固上半年工作成效的基础上，保持工作连续性、增强工作预见性和实效性，继续紧紧抓住遏制重特大事故这个重点不放松，积极推进安全生产领域改革创新、依法治安、专项治理等重点工作，全力维护安全生产形势的总体稳定，为经济发展和社会和谐稳定创造良好的安全生产环境。
9	2016 年 7 月 30 日	国务院办公厅印发《关于在政务公开工作中进一步做好政务舆情回应的通知》	对各地区各部门政务舆情回应工作作出部署。《通知》指出，对涉及特别重大、重大突发事件的政务舆情，要快速反应、及时发声，最迟应在 24 小时内举行新闻发布会。

续表

序号	时间	事件	主要内容
10	2016 年 8 月 12 日	国务院办公厅印发《省级政府安全生产工作考核办法》	从 2016 年起对省级政府的安全生产工作进行考核。这是推动地方政府落实安全生产责任的重大举措。《考核办法》共 16 条,明确了考核的目的、范围、原则、程序、结果等事项,规定了责任落实、依法治理、体制机制、安全预防、基础建设等考核内容。考核评分实行百分制,结果分为优秀、良好、合格、不合格 4 个等级。
11	2016 年 10 月	中共中央、国务院印发《"健康中国 2030"规划纲要》	《纲要》是推进健康中国建设的宏伟蓝图和行动纲领,共分八篇二十九章,从总体战略、普及健康生活、优化健康服务、健全医疗保障体系等方面提出要求。《纲要》在第五篇第十六章专门围绕完善公共安全体系,分别从强化安全生产和职业健康、提高突发事件应急能力、预防和减少伤害等方面提出要求。
12	2016 年 10 月 11 日下午	中央全面深化改革领导小组第二十八次会议	中共中央总书记、国家主席、中央军委主席、中央全面深化改革领导小组组长习近平主持并发表重要讲话。会议审议通过了《关于推进安全生产领域改革发展的意见》,强调推进安全生产领域改革发展,关键是要作出制度性安排,依靠严密的责任体系、严格的法治措施、有效的体制机制、有力的基础保障和完善的系统治理,解决好安全生产领域的突出问题,确保人民群众生命财产安全。各级党委和政府特别是领导干部要牢固树立安全生产的观念,正确处理安全和发展的关系,坚持发展决不能以牺牲安全为代价这条红线。
13	2016 年 10 月 31 日	全国安全生产监管监察系统先进集体和先进工作者表彰大会	中共中央总书记、国家主席、中央军委主席习近平作出重要指示指出,安全生产事关人民福祉,事关经济社会发展大局。习近平强调,各级安全监管监察部门要牢固树立发展决不能以牺牲安全为代价的红线意识,以防范和遏制重特大事故为重点,坚持标本兼治、综合治理、系统建设,统筹推进安全生产领域改革发展。各级党委和政府要认真贯彻落实党中央关于加快安全生产领域改革发展的工作部署,坚持党政同责、一岗双责、齐抓共管、失职追责,严格落实安全生产责任制,完善安全监管体制,强化依法治理,不断提高全社会安全生产水平,更好维护广大人民群众生命财产安全。
14	2016 年 11 月 29 日	国务院办公厅印发《危险化学品安全综合治理方案》	要求从 2016 年 12 月至 2019 年 11 月,开展危险化学品安全综合治理工作。《方案》明确了指导思想,工作目标,组织领导,时间进度和工作安排,治理内容、工作措施及分工,以及工作要求。《方案》细化了危险化学品安全综合治理工作 10 方面 40 项治理内容。

序号	时间	事件	主要内容
15	2016 年 12 月 18 日	《中共中央国务院关于推进安全生产领域改革发展的意见》公布	这是新中国成立以来第一个以党中央、国务院名义出台的安全生产工作的纲领性文件。《意见》包括总体要求、健全落实安全生产责任制、改革安全监管监察体制、大力推进依法治理、建立安全预防控制体系、加强安全基础保障能力建设六方面内容。《意见》规定了"党政同责、一岗双责、齐抓共管、失职追责"的安全生产责任体系，要求建立企业落实安全生产主体责任的机制，建立事故暴露问题整改督办制度，建立安全生产监督执法人员依法履行法定职责制度，实行重大安全风险"一票否决"等。
16	2016 年 12 月 26 日	国务院办公厅印发《国家职业病防治规划（2016—2020 年)》	部署做好"十三五"时期职业病防治工作。《规划》提出，到 2020 年，建立健全用人单位负责、行政机关监管、行业自律、职工参与和社会监督的职业病防治工作格局。《规划》从落实用人单位主体责任、健全职业病防治体系、提高职业病监测能力和保障劳动者健康权益 4 个方面提出了具体量化指标。

安全生产是经济社会发展的重要基础和保障。中央政治局常委会会议在一年中两次专题讨论安全生产问题，说明了中央对安全生产工作的高度重视，也反映了我国当前面临的安全生产形势尤为严峻，安全生产问题复杂棘手等状况。要做好安全生产工作，必须时刻保持警惕，绷紧安全这根弦，做好打持久战的准备。

做好安全生产工作，需要特别强调"红线意识"。安全生产，重在防范，一是需要政府、企业及每个员工在日常的工作生产中牢固树立安全发展理念，切实增强红线意识；二是要积极推动安全产业发展，促进安全产业源头预防、提升本质安全水平作用的发挥；三是要继续强化安全科技、应急管理等基础工作，加快建立安全风险防控体系，更加细致扎实地做好安全生产各项工作。

做好安全生产工作，还需要严格落实"问责机制"。一是要严格落实企业的安全生产主体责任，明确企业法定代表人是安全生产第一责任人；二是要严格落实地方各级政府和各部门的安全监管职责，统筹区域经济与安全生产协调发展，加强对事故多发易发的重点地区、重点行业领域和重点企业的安全监管；三是要严格安全目标责任考核，切实做到安全管理"党政同责、一岗双责、齐抓共管、失职追责"。

第三十一章　湖南郴州"6·26"特别重大道路交通事故

湖南郴州宜凤高速"6·26"特别重大道路交通事故，起因是驾驶人疲劳驾驶造成车辆失控，与道路中央护栏发生多次碰撞，导致车辆油箱破损、柴油泄漏，右前轮向外侧倾倒，轮毂上的螺栓螺母与地面持续摩擦产生高温，引起泄漏柴油和车辆起火。我国近年来高速公路交通事故频繁，一方面说明我过道路交通设计水平依然存在提高的空间，另一方面，也为车辆的本质安全问题敲响了警钟。另外，加强驾驶员教育培训、强化法制建设、重视事后处罚等手段多管齐下，也显得尤为必要。

第一节　事件回顾

2016 年 6 月 26 日，湖南省衡阳骏达旅游集团一辆旅游大巴（核载 55 人，实载 57 人，其中小孩 4 人），行驶至湖南郴州宜凤高速公路 33km + 900m 处时，撞向中间隔离护栏，导致车辆油箱漏油并起火，最终造成 35 人死亡、13 人受伤，直接经济损失 2290 余万元。

事故发生后，国务院湖南郴州宜凤高速 6.26 特别重大道路交通事故调查组在第二天迅速正式成立，调查组由国家安监总局副局长孙华山任组长，事故调查组下设技术组、管理组、责任追究组和综合组等四个专项组。调查组依法依规，实事求是，彻查事故原因，严肃追究责任。

根据当地事故调查组最新核实的情况，事故大巴车核载 55 人，实载 57 人，其中有四名儿童。事故发生后，公安部副部长黄明和国家安监总局副局长孙华山赶到事故现场，指导事故的调查处置工作。经过初步核实，事故车辆是由蒋晓战、王军和驾驶员刘大辉三人共同出资购买，挂靠在衡阳骏达旅游客运有限公司。车辆核定 55 座，保险、审验、等级评定均在有效期内，具备旅游客运资质，驾驶员刘大辉持 A1、A2 证，该车购买了每座 100 万元的平安险。57 名乘客由耒阳市一个户外组织发起，经当地风光旅行社组团，准备去宜章莽山旅游度假。

调查组认定，事故的直接原因为：驾驶人刘大辉疲劳驾驶造成车辆失控，与道路中央护栏发生多次碰撞，导致车辆油箱破损、柴油泄漏，右前轮向外侧倾倒，轮毂上的螺栓螺母与地面持续摩擦产生高温，引起泄漏柴油和车辆起火；车辆停止时其右前角紧挨路侧混凝土护栏，车门被阻挡无法有效展开，车内乘客不能及时疏散，且安全锤未按规定放置在车厢内，乘客无法击碎车窗逃生，造成重大人员伤亡。

调查组对 42 名责任人员提出了处理意见。其中，公安、检察机关已对 21 名企业人员和涉嫌职务犯罪人员立案侦查并采取刑事强制措施；对衡阳市人民政府副市长刘正兴等 21 名地方政府及其有关部门工作人员给予党纪、政纪处分。

此外，责成湖南省人民政府和衡阳市委、市政府做出深刻检查；责成湖南省人民政府组织有关部门对事故中涉及的企业及其相关人员的违法违规行为做出行政处罚。

同时，调查组还认定，事故车辆起火后之所以会造成如此大的伤亡，主要有三个原因。一是事故车辆车门受路侧护栏阻挡无法打开。经检测，事故车辆车门技术状况良好，在事故中已经启动并处于外摆状态，正常打开时最大外摆距离为 35 厘米。但是，由于车辆最终停止时右前角紧挨路侧混凝土护栏，车门在外摆 6 厘米后即被护栏顶住，展开受阻，致使车门无法有效打开。二是事故车辆驾驶员和旅游团领队未有效组织乘客逃生。事故车辆停止后，车上乘客要求驾驶人刘大辉打开车门，刘大辉尝试打开车门但没有成功，向乘客答复门打不开了，随即从左侧驾驶人窗口逃出车外。在此过程中，坐在副驾驶位置的旅游团领队黄建华用灭火器砸前挡风玻璃欲破窗逃生但未砸破，也从驾驶人窗口逃生。此后，车前排座位乘客拥挤至驾驶人位置，争抢着从驾驶人窗口逃生，由于缺乏有效的组织，现场秩序较为混乱，影响乘客疏散逃生。三是事故车辆安全锤放置不符合规定。通过清理事故车辆内的遗留物，共发现 5 把安全锤，其中 4 把被放置在驾驶人座位下侧储物箱内，放置位置不符合相关规定要求，影响乘客破窗逃生。

此外，调查组认定，在该起事故中事故单位存在诸多非法违规行为。首先是，湖南衡阳骏达旅游客运有限公司未按规定对事故车辆开展安全检验，未落实车辆动态监控管理规定，非法打印旅游包车客运标志牌，未采取有效措施防止驾驶人疲劳驾驶，未落实应急管理各项规定要求。湖南风光国际旅行社有限公司默许了与公司无劳务关系的谭新、周全等人以风光旅行社名义从事招徕旅客以外的旅行社业务经营活动。其次，湖南衡阳汽车运输集团交通旅行社有限公司等另外四家旅行社不同程度存在未按要求签订旅游委托书面合同、旅行社服务网点在未完成备案登记手续的情况下违规经营、未按规定与游客签订旅游合同等问题。

调查认定，衡阳市人民政府及其有关部门对事故单位的非法违规问题监管履职不到位。一是衡阳市交通运输部门违规将旅游包车客运标志牌跨区集中发放，对客运企业安全生产监管工作流于形式；二是衡阳市公安交管部门对旅游包车等重点营运车辆的路面执法和日常管控存在薄弱环节；三是衡阳市旅游行业监管部门对辖区内旅行社及服务网点非法违规开展旅游经营活动的问题失察；四是衡阳市人民政府没有牢固树立安全发展理念，对安全生产工作重视程度不够，未按法律规定加强对安全生产工作的领导。

第二节　事件分析

一、高速公路交通近年来事故不断，重特大事故时有发生

我国高速公路具有全封闭、车速快的特点，同时由于驾驶人缺乏法制意识、自我保护意识，违法行车、随意驾驶，或者安全经验不足遇突发情况采取措施不当，极易发生交通事故，有的甚至造成二次车祸。

首先，不良驾驶习惯是导致交通事故的主要诱因。比如超速、抢道、占道、变道不打转向灯、倒车、逆行，夜间会车时开大灯，不系安全带，边开车边喝水抽烟、吃东西、打电话，有的甚至高速行车时还接发短信、看微信。

还有一些司机，发生事故后长时间滞留原地相互争执指责，甚至看到车祸时停车围观，这些在一些司机心目中"小事一桩"的行为，实际上都是违法行为，尤其在高速公路上，往往就变成了可能致命的坏习惯。

其次，在高速路上占用应急车道超车、等人的现象对道路安全造成严重威胁。需要注意的是，在高速公路上唯一可以停车的地方，就是在收费站，同时如果需要等人，可以到服务区内。目前国内高速公路平均30公里总有就会有一个服务区，数量充足，而很多司机就是因为一些小事甚至为了等人而直接停车占用应急车道，对道路的安全行驶造成严重威胁。

最后，高速公路超速行驶也是事故不断的重要原因。在过去，很多司机认为有监控摄像的地方减速行驶不会被拍到，过了摄像头超速行驶也没问题。而这已经成为"过去时"。目前的高速公路，基本实现了全程测速，高速公路沿线设置的移动测速点位和固定测速点位互相结合，之前那种见到摄像头才减速的方法早已无法逃脱监控的拍摄。然而，依然很多司机认为在高速公路上超速行驶不会被抓，这种侥幸心理对道路安全行驶造成极大威胁。

二、我国道路交通安全事故频发原因分析

截至 2016 年底，全国机动车保有量达 2.9 亿辆，新注册量和年增量均达历史最高水平。其中汽车 1.94 亿辆；机动车驾驶人 3.6 亿人，其中汽车驾驶人超过 3.1 亿人。据公安部交管局统计，2016 年全国机动车和驾驶人保持快速增长，新登记汽车 2752 万辆，新增驾驶人 3314 万人。与此同时，我国交通事故长期高居全球第一，年交通事故占了全球 15% 以上，平均每天有 300 多人丧生车轮底，每 1 分钟就有一人因交通事故致残，每年交通事故死亡人数超过 10 万人，占了全球交通事故死亡人数的 1/5。城市交通事故屡有发生，其原因是多方面的。

（一）道路设计不合理

我国城市道路交通构成不合理，交通流中车型复杂，人车混行、机非混行问题严重；部分地方公共交通不发达，服务水平低，安全性差；自行车交通比例大，骑车者水平不一，个性不同，非机动车与机动车和行人争道抢行；无效交通如空驶出租车较多、私人车辆增加，这些无疑恶化着我国城市的交

通安全状况。

许多城市道路结构不合理，直线路段过长，道路景观过于单调，容易使驾驶员产生疲劳，注意力分散，致使反应迟缓而肇事。汽车的转弯半径过小，易发生侧滑。驾驶员的行车视距过小，视野盲区过大；线形的骤变、"断背"曲线等线形的不良组合，易使驾驶员产生错觉，操作不当，酿成事故。另外，路面状况对交通安全影响也较大。道路等级搭配不科学，路网密度不足，交通流不均衡，个别道路交通负荷度过大，交通安全性差；道路建设方面缺乏有效的交通影响分析，缺乏足量配套的措施、交通管理措施、停车设施等，容易形成交通安全隐患。

我国道路基础设施建设速度低于交通需求的发展速度，有的道路的设计要求与实际运行状况不协调；各地区道路线形、道路结构、道路设施不一，客观上给过境车辆的驾驶员适应交通环境带来难度；道路标志标线设置不科学、数量不足、设置不连续；道路周边的环境建设和配套设施建设没有与交通安全混为一体，设计标准和实际不协调，所有这些必然会导致交通事故层出不穷。

（二）车辆的因素

车辆是现代道路交通中的主要元素，影响汽车安全行驶的主要因素是转向、制动、行驶和电气四个部分。我国机动车种类多，动力性能差别大，安全性能低，管理难度大。机动车在长期使用过程中处于各种各样的环境，承受着各种应力，如外部的环境应力、内部功能应力和运动应力，以及汽车总成、部件等由于结构和使用条件，如道路气候、使用强度、行驶工况等的不同，汽车技术状况参数将以不同规律和不同强度发生变化，或性能参数劣化，导致机动车的性能不佳、机件失灵或零部件损坏，最终成为造成道路交通事故的直接因素。在我国机动车（各种汽车、农运三轮、装载车与摩托车）拥有量增长迅速，数量剧增的机动车已成为现代社会经济发展和提高人民生活质量的标志之一，机动车拥有量增加速度已大大超过了道路的增长速度，使得本来不宽裕的路面更是雪上加霜，使交通事故绝对数和交通事故伤亡人数急剧上升，加之我国高速公路建设步伐比较快，而车辆性能更新速度还未能跟上高速公路的建设步伐，车辆高速行驶可靠性差、安全性差，导致我国高速公路交通事故处于快速增长的趋势。车辆猛增的势头剧增不减，特别是一些人图便宜购买一些大城市淘汰的、已近报废的车辆，使得交通安全形势变得复杂。有些本地的不符合标准，安全技术检测状况差以及报废的车辆仍在行驶，有些个体户的出租车昼夜兼程，多拉快跑，只用不修，导致车辆技术性能差，故障多，机件很容易失灵，引发交通事故。

（三）人的因素

1. 从驾驶员方面分析。由于机动车驾驶员数量以及增长速度过高，群体文化素质不高，安全驾驶技术水平不高，部分驾驶员缺乏职业道德，交通违法行为严重，是发生交通事故的重要原因。驾驶员在行车过程中注意力分散、疲劳过度、休息不充分、睡眠不足、酒后驾车、身体健康状况欠佳等潜在的心理、生理性原因，造成反应迟缓而酿成交通事故。引发交通事故及造成损失的驾驶员的主要违规行为包括疏忽大意、超速行驶、措施不当、违规超车、不按规定让行这 5 个因素。其中疏忽大意、措施不当与驾驶员的驾驶技能、观察外界事物能力及心理素质等有关，而超速行驶、违法超车、不按规定让行则主要是驾驶员主观上不遵守交通法规或过失造成的，驾驶员驾驶技术生疏，情绪不稳定，也会引发交通事故。同时，驾龄在 2—3 年、4—5 年的驾驶员发生交通事故次数多，死亡人数多，而驾龄为 1 年的驾驶员人数在驾驶员总数中并不占优势，但造成损失的比例却是最大的。

2. 从骑自行车人分析。不走非机动车道，抢占机动车道；路口、路段抢行猛拐；对来往车辆观察不够；自行车制动系统失灵或根本就没有；骑车技术不熟练，青少年骑车追逐嬉戏等均可造成交通事故的发生。

3. 从行人分析。不走人行横道、地下通道、天桥；翻越护栏、横穿和斜穿路口；任意横穿机动车道，翻越中间隔离带；青少年或儿童突然跑到道路上，对突然行进的车辆反应迟缓、不知所措；不遵守道路交通信号及各种标志等，从而导致交通事故。

第三十二章 重庆"10·31"永川 金山沟煤矿爆炸事故

煤矿领域一直是我国安全生产事故的多发领域，也易造成大规模人员伤亡。2016年，公开报道的全国较大以上煤矿事故共发生31起，死亡或下落不明285人，远高于上年水平。尤其是第四季度发生了多起煤矿领域重特大安全生产事故，一方面是由于煤炭价格持续回升、停产停工煤矿复产复工冲动强烈，导致事故发生的因素明显增多；另一方面，是由于煤矿企业长期超通风能力和矿井提升能力生产、企业安全管理严重不足、安全责任制落实不到位，造成了煤矿事故的不断发生。2016年10月31日，重庆市永川区金山沟煤矿发生瓦斯爆炸事故，造成33人遇难，这无疑又是煤矿领域的一次重大灾难。

第一节 事件回顾

2016年10月31日，重庆永川区来苏镇金山沟煤矿发生一起瓦斯爆炸事故，事发时35人在井下作业，2人自救撤离，其余33人全部遇难。

事故发生后，党中央、国务院领导同志高度重视并作出重要批示，要求千方百计搜救被困人员，科学施救，严防次生灾害，同时督促各地深刻汲取事故教训，切实加强煤矿安全各项工作，坚决遏制重特大事故发生。国家安全生产监管总局、国家煤矿安监局主要负责人立即带领工作组紧急赶赴事故现场，与重庆市政府主要负责人一起指导协调事故应急救援工作。

该矿为乡镇煤矿，低瓦斯矿井，设计生产能力为6万吨/年。初步分析，事故发生的原因是该矿越界违法生产区域以掘代采工作面微风作业导致瓦斯积聚，违章放炮引起瓦斯爆炸。事故暴露出的突出问题：一是违法组织生产。初步了解，事故区域标高为＋93m，该矿采矿许可证上载明开采煤层标高为＋410m至＋207m，事故区域超出采矿许可证批准的矿界范围，属超层越界违法组织生产。二是采用落后淘汰的以掘代采采煤工艺违规生产。三是逃避安全监管。该矿图纸均不填绘越界区域开采情况；凡涉及越界区域生产的一律不记录，不填写报表和台账、不上报。四是安全管理混乱。矿井安全监测监控系统、人员定位系统不能正常运行；越界区域采掘作业不编制设计、作业规程和安全技术措施，在越界区域无任何技术资料。五是违规越界生产区域恢复生产没有验收。

2016 年 12 月 26 日，司法机关已对 18 名涉嫌犯罪人员采取强制措施。其中，以涉嫌非法采矿罪、重大责任事故罪、出具证明文件重大失实罪，对金山沟煤矿业主、法定代表人蒋某某，常务副矿长邹某某（2016 年 8 月 9 日前任矿长），副矿长周某某，技术负责人蒋某某，外聘技术服务人员重庆能投集团永荣矿业公司中心桥煤矿地质副总工程师蒋某某，金山沟煤矿股东、国网重庆市电力公司永川供电分公司职工邓某，永川区旅游局纪检组长邓某，金山沟煤矿民爆物品保管员黄某某，重庆一三六地质队傅某某，重庆一三六地质队王某等 10 名责任人批准逮捕，对 7 名相关政府及监管部门人员批准逮捕；对金山沟煤矿材料和煤炭产量统计员张某实施监视居住。

第二节　事件分析

一、煤矿依然是重特大事故的多发领域

煤矿领域发生的重特大事故起数占全国重特大安全生产事故总量的比重较高，一旦发生事故，极易造成严重伤亡。2016 年数据显示，全国一共发生重特大事故 32 起、死亡 571 人。其中，煤矿领域重大事故 7 起、死亡 96 人；特大事故 3 起、死亡 95 人。不论从事故数量还是死亡人数来看，都是各领域之最。

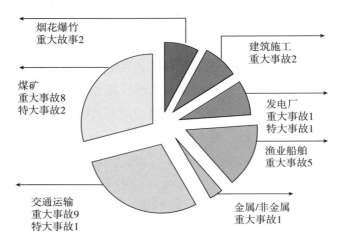

图 32 – 1　2016 年各种类型重特大事故分布（单位：起）

资料来源：国家安全生产监督管理总局，2017 年 1 月。

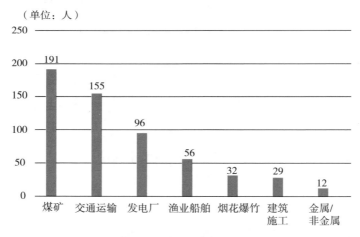

图 32 – 2　2016 年各种类型重特大事故死亡人数

资料来源：国家安全生产监督管理总局，2017 年 1 月。

二、部分煤矿企业的安全意识较差

金山沟煤矿瓦斯爆炸事故再一次证明，每一次煤矿事故的发生都有人为的因素，通过事故分析原因来看，越界开采仍是主因，煤矿在安全生产、安全管理方面存在违法违规现象。从国家煤矿安全监察局公布的调查结果可知，该煤矿从 2014 年 11 月开始越界采煤，越界开采区域从 2015 年 2 月到 2016 年 4 月停产。2016 年 5 月，事发区域恢复生产，却继续进行违法越界开采。两次的越界开采期间，该煤矿没有出现安全事故，造成相关责任人麻痹大意的心理，为此次事故的发生埋下了隐患。

从全国煤矿企业的安全生产情况来看，首先，最严重的问题是一些煤矿企业安全意识薄弱，没有落实安全生产责任制，有的甚至没有建立安全生产管理制度和部门，致使企业安全生产管理主体责任落实不到位。其次，对部分煤矿企业而言，本身没有培训能力，对进厂职工的安全教育又不到位，为了降低用人成本，时常会聘用一些文化素质较低的人员，他们并没有经过专业的安全生产培训，不具备基本的生产技能和专业知识，从业人员往往是无证上岗，一旦出现突发事件，就不能有效地进行自救和施救。此外，部分煤矿企业存在违规生产问题，设备经常超负荷运转，更有甚者运用假证照、假图纸等逃避安全监管，长期进行非法违法违规生产经营，为安全生产留下了许多隐患。

国家安监总局公布的文件显示，2016 年，各地煤矿均存在不同程度的违法违规行为，其中非法组织生产、非法超能力组织生产、安全生产培训不到位等现象较为严重；部分煤矿安全管理局面依然混乱，矿井没有调度指挥系统、未配备专业调度人员，传感器安装数量不足，无瓦斯检查人员等。2016 年第三、四季度，矿山安全事故频发，有专业人士认为与年底煤价上涨有关，但更多还是因为很多企业违法违规生产。这些问题严重困扰着煤矿企业的安全运营，对员工的人身安全造成了极大的危害。

三、安全监管力量薄弱

从政府监管主体责任落实来看，一是对安全监管监察的工作重视不够，在机构建设、人员配置、行政许可、执法检查、隐患排查、责任追求等方面还不到位。二是监管体制机制不顺，存在着安全监管和煤炭行业管理职能交叉、机构设置差异较大、执法主体资格不明等现象，在一定程度上影响了基层安全监管职能的发挥。三是部分地方政府的安全生产监管部门人员较少，监管力量薄弱，人员专业素质不高，设备资金保障不到位，不能及时地发现并解决安全事故隐患。此外，某些地方还存在为单纯追求经济增长，对煤炭企业大开方便之门的现象，致使其长期处于"管制真空"状态，安全问题无法掌控。

四、安全投入不高

安全投入和安全基础设施是煤矿安全生产的最基本条件。部分煤矿企业的生产系统不完善，没有运用先进的工艺设备进行生产经营，特别是一通三防、提升运输、供电、排水等大系统存在的问题较为严重，系统运行不正常、设备老旧更新慢等。部分煤矿瓦斯治理工作仍显薄弱，在瓦斯抽放、瓦斯监控等方面达不到标准，瓦斯隐患长期存在。一些小型煤矿监测监控系统缺乏，技术装备落后，机械化程度低，有的仍在采用已被淘汰的生产、支护工艺，工人劳动强度大，安全可靠性差。

数据显示，按照《国家煤矿安监局关于印发2016年7项专项监察方案的通知》（煤安监监察〔2016〕7号）要求，2016年各省级煤矿安监局及所属监察分局深入开展煤矿安全投入专项监察，共抽查722处煤矿企业及煤矿，查处各类安全隐患和问题2209条，责令局部停止作业36处，责令停产整顿煤矿1处，行政罚款150.4万元。通过此次专项监察，发现煤矿企业在安全投入方面存在诸多问题，必须引起高度重视，主要有以下三个方面的问题：一是安全生产费用提取不足。如黑龙江、湖南、四川、重庆、贵州、云南、宁夏、新疆生产建设兵团等地的一些煤矿企业未按规定足额提取安全生产费用，有的煤矿甚至不提取安全生产费用。二是降低安全生产费用提取标准。如皖北煤电集团、淮南矿业集团、国投新集公司等煤矿企业安全生产费用提取标准由50元/吨降至33元/吨；龙煤集团安全生产费用提取标准由40元/吨降至30元/吨；山西西山煤电集团安全生产费用提取标准由38元/吨降至27元/吨。特别是一些老矿井、灾害严重矿井安全生产费用提取标准降低，难以保障安全投入所需资金。三是压减安全投入。一些煤矿企业通过减少或停止瓦斯抽采工程、暂停开拓巷道掘进作业、不及时维修或更换安全设施设备等方式减少安全投入。

表 32 − 1　全国煤矿安全投入专项监察情况汇总表

地区	检查煤矿企业、煤矿（处）	查处隐患或问题（条）	责令局部停止作业（处）	责令停产整顿（处）	暂扣安全生产许可证（处）	罚款（万元）
北京	3	1				
河北	15	18				2
山西	142	176				
内蒙古	136	457			4	75.9
辽宁	31	189	16		7	12
吉林	10	72				
黑龙江	18	4				22.4
江苏	4	2				
安徽	8	14				
福建	70	118				
江西	9	34				
山东	8					
河南	25	143				11
湖北	6			1		
湖南	29	67				
广西	5	4				
重庆	11	43				4
四川	17	3				
贵州	77	556	4		4	5
云南	31	239	16			18.1
陕西	22	4				
甘肃	5	32				
青海	13	8				
宁夏	8	4				
新疆	9	9				
兵团	10	12				
全国合计	722	2209	36	1	15	150.4

资料来源：国家安全生产监督管理总局，2016 年 10 月。

第三十三章　江西"11·24"丰城发电厂事故

建筑施工行业因设计多样化，施工复杂化、建筑市场多元化以及高空作业和从业人员整体素质普遍较低等特点，潜在的安全隐患存在建筑施工的许多环节，2016年已成为我国仅次于道路交通的第二大事故多发领域。经济效益不佳，以及过度注重经济利益，影响建筑行业安全投入。很多施工企业在实际操作中从经济利益最大化的角度出发，压缩安全支出，导致施工现场安全设施标准偏低。江西丰城发电厂事故体现的即是施工单位为赶工期对施工安全的忽视，以及施工现场缺乏行之有效的监督管理，与此同时，倒塌的塔吊具有非常严格的安装规范，施工相关配套设施没有进行定期的日常维护与检修，存在严重安全隐患。同时，建筑安全设备市场门槛较低，质量参差不齐，施工设备存在的安全隐患没有得到有效排除，施工人员的安全无法得到切实保障。因此，我国应加强施工单位对安全生产的意识，通过法律法规明确责任，同时利用现代金融手段促进建筑行业引入先进安全装备，规范建筑安全市场。

第一节　事件回顾

2016年11月24日7点40分左右，江西省宜春丰城电厂三期扩建工程D标段冷却塔平桥吊突然倒塌，连带造成上面模板混凝土通道坍塌。事故发生时，正值施工单位正在进行零点班和早班交接。坍塌施工平台的高度至少20层楼高，短短十几分钟的时间，整个施工平台完全坍塌。事故造成74人死亡，2人受伤。江西丰城发电厂坍塌的是在建冷却塔搭建的一个非常大的施工平台。施工外部周边是由脚手架组成一个圆形平台，冷却塔的施工必须内外同时进行，在施工进度为双曲线拐点附近及拐点以上部分，比如60—70米以上时，施工难度很大。初步判断，事故发生在施工高度 80 米左右的位置。施工平台站满工人，还堆放着各种工具、小型工程车辆以及钢筋混凝土物料等。

当日下午 16 时，国家安监总局局长杨焕宁率国务院工作组赶到事故现场，会同江西省委、省政府主要负责同志以及专家现场勘查坍塌情况，指导搜救；同时作出重要指示：第一，要认真查明事故原因，严肃依法依规追究刑事责任及违规责任；第二，要进一步督促地方政府及相关领导严格落实各领域安全生产责任，强化监管力度和防范措施的落实，坚决杜绝此类重特大事故的再次发生。国务院工作组将在今后几个月内查明事故原因、人员伤亡及财产损失情况；查明事故的性质和责任；提出对事故、事故责任人的处理建议；检查控制事故救援的应急措施是否得当；最终写出事故调查报告。目前检察机关依法批准逮捕重大责任事故犯罪嫌疑人 13 人，立案侦查事故所涉及的职务犯罪嫌疑人 10 人。

第二节　事件分析

一、事件基本情况

施工平台坍塌是罕见的安全事故。我国火电发展非常快，凡是火电用水冷却的电厂都有冷却塔，冷却塔的建设需要施工的设施和平台，而这种施工平台的安全设施标准是很高的。事故的调查要从技术层面和管理层面两方面入手，比如，塔吊的装备设计是否科学合理、是否超载；如果事故涉及塔吊司机，那就看是不是跟司机疲劳、误操作有关。国务院安委办 11 月 25 日召开全国安全生产工作紧急视频会议，通报江西丰城发电厂"11·24"冷却塔施工平台坍塌及近期几起重特大安全事故情况，部署当前安全生产工作。会议指出，就掌握的情况初步分析，江西丰城发电厂"11·24"特别重大安全事故与建设单位、施工单位压缩工期、突击施工、施工组织不到位以及管理混乱等有关。比如据"安全巡查记录本"记载，17 日巡查记录有"河北亿能 7 号塔（事发冷却塔）内积水没有及时排出，部分基础泡在水里"的巡查结果，在处理意见一栏有"责成总包对河北亿能进行考核"的处理意见；18日没有巡查记录和整改情况的登记；19日的巡查记录有"7号冷却塔北侧循环水管支线基槽基坑无围栏"的巡查结果；21日显示"7号冷却塔中央竖井作业平台无跳板及防护栏杆"。这份"安全巡查记录本"在11月15日之前是空白，后边的记录只到11月22日，现有的记录表明，事发地7号冷却塔早在多天以前就已经出现了施工安全隐患，奇怪的是这些隐患无人重视，当然也就不可能得到及时纠正，按照海恩法则所定义的"不断叠加的隐患"理论，由于责任人的玩忽职守，就一定会成为墨菲定律中"一定会发生的事故"。

通常坍塌事故可能会有三种情况：一是水泥强度不够导致操作平台倒塌；二是操作平台锚固设施失灵；三是塔吊坍塌引发连锁反应。其中"水泥强度不够"有两种可能：一是使用的水泥未达标；二是水泥养护时间过短，水泥未达到设计强度就拆除模板。浇筑之后的混凝土，需要一定的养护时间，等到凝固达到一定强度才能拆除模板，为了赶工期、抢进度，人为缩短混凝土必要的养护时间，这种冒险蛮干现象在我国建筑行业是十分严重的，其结果可想而知。其实冷却塔坍塌事故早有先例，1978年，美国西弗吉尼亚州柳树岛（Willow Island）一在建电厂操作平台发生坍塌，事故造成51人死亡，是美国建筑史上最为严重的事故之一，正是因为浇筑的混凝土养护时间不够，还没达到所需强度便拆除模板，造成重大人员伤亡惨案。

二、建筑安全形势严峻

随着城镇化进程的加快，建筑施工行业因多样化的设计，复杂化的施工、多元化的建筑市场以及高空作业、从业人员整体素质普遍较低，潜在的安全隐患渗透在建筑施工的每个环节等特点，已成为我国仅次于道路交通的第二大事故多发行业。

我国建筑安全事故多发态势始终没有得到有效遏制。2016年，全国共发生房屋市政工程安全事故634起、造成735人死亡，比2015年同期事故起数增加了192起、死亡人数增加了181人，同2015年相比分别上升了43.44%和32.67%。

三、建筑安全存在的问题

(一)安全生产资金投入不足

建筑安全生产投入不足,安全措施资金被占用或挪用的现象时有发生。目前建筑市场,投资主体,也就是建设方已经多元化,有国家、国有企业、合资企业、私营企业、自然人等,不论是哪一方,所占经济成分的比重如何,除以国家为主的公益性项目外,投资各方的目的已经严重贸易化,少投入多回报,是业主投资的首要选择。虽然《建设工程安全生产治理条例》中规定,建设方应在工程概算中确定并提供安全作业环境和安全施工措施用度,但投资概算里的安全措施费用通常不会单独列出,而是含在间接费的百分之零点几里边。因此安全用度成了水中月。施工单位通过招投标得到的工程项目,已是建设单位从本身的利益出发,在最低价和次低价中选择的结果。经济效益不佳或过度注重经济利益,严重影响着建筑行业安全投入。依安全法则之罗式法则 1: 5: ∞ 来计算,安全每投入 1 元钱,就可创造出相当于 5 元钱的经济效益,最终创造出无穷大的生命效益、得到无穷大的回报。可是在实际操作中很多企业往往从经济利益最大化的角度出发,工程进行中不断压缩安全支出,致使施工现场安全设施标准偏低,或使用伪劣产品,或租赁没有资质存在安全隐患的施工设备。施工所用安全设施陈旧、老化,超期服役;施工人员用来防护的用品质量参差不齐,工人完全置身于充满事故隐患的生产环境中;更有甚者有些施工单位在利益的驱动下,压缩或削减最基本的安全费用;很多企业短期行为严重,单纯追求眼前利润,舍不得或根本不在安全上投资,重经济效益、轻人身安全的思想恶性膨胀。凡此种种严重违法违规行为,是导致安全事故频发的直接原因。

(二)设备和技术亟须改善

优质的建筑机械设备是建筑施工的重要保障,它直接关系到建筑工程施工的质量和安全。目前建筑安全设备鱼龙混杂、质量参差不齐。施工设备存在的安全隐患始终没有得到足够重视,或没有实质性的举动彻底杜绝之,致使施工现场成了最大危险源。一是施工设备存在重大安全隐患问题。具有潜在危险的施工机械设备,国家已明令禁止或淘汰的建筑施工设备还时常出现在施工现场。如脚手架与建筑物的拉结材料不合格，脚手板、立杆、大横杆、小横杆材质不过关，或脚手架严重变形，基础下沉、悬挑件薄弱、缺少连墙件、剪刀撑，不按规范加固敞口处、超负荷堆放等，脚手架安全得不到保证，而建筑工人高空作业时几乎完全依靠脚手架来承载身体重量；塔吊、施工升降机等大型起重设备的基础设置、安全装置、防护设施、缆风固定及附墙、起重钢丝绳等不能达到安全规范要求，安装验收塔吊爬梯无护圈或护圈不符合规范等。这些"患病"施工设备成为建筑施工的"杀手"，是安全事故的直接导火索。二是建筑设备产品结构缺乏科学性。机械设备品种单一，在设备原材料生产上更是存在重复生产、产品质量差等问题，直接影响到设备整体质量和可靠性。

（三）人员安全意识淡薄

目前，我国建筑行业从业人员达4000万人，其中80%为农民工，占农村进城务工人员的三分之一之多。这些农民工文化素质普遍偏低，自我保护、法律意识淡薄，违章作业现象十分严重，比如因为天热就不戴安全帽等。这些问题发生的主要原因是农民工基本上未经培训教育就上岗作业，即使有人进行了培训，但培训内容缺乏针对性和有效性，使培训流于形式，难以满足施工安全的要求。而对于特种作业人员，岗位技能培训因缺乏针对性、时效性、科学性，导致效果不明显。这为安全施工埋下重大隐患。

四、提升我国建筑安全的措施

（一）加大力度抬高建筑行业准入门槛

政府要加大市场监管力度，严格法律法规的执行，改变我国法律法规滞后经济发展的现状。既要严惩为了赢利忽视质量，以次充好、以假乱真的企业，也要对那些一味追求价格低廉而不重质量的施工企业予以重罚，对造成严重后果的要追究其法律责任。抬高门槛，加强审批制度，采取备案形式，对经营建筑设备的流通企业实施质量监控，严把质量关，以此促进产业升级。对资质不合格、缺少信誉的企业所生产的产品不予进入市场。质优价高的产品应是市场的主体。目前我国建筑安全产业中缺少倡导品牌效应的氛围，政府要大力扶持企业发展自有品牌，在政府采购中予以政策、配给的支持。使我国建筑设备市场能够形成有序竞争、良性竞争、优胜劣汰的大好局面。

（二）支持潜力企业发展为龙头企业，引领行业发展

国家应鼓励国内有实力的大企业采用兼并或收购等资本运作方式扩大生产规模，打造建筑安全产业的领军企业。目前我国制造商大多为小、散、软企业，单靠行业内企业自身的力量极难打造龙头企业，需要依靠国家的力量，为有潜质的企业提供资金及引导，使中国拥有强大的建筑安全产业企业。政府应规划建筑设备及个体防护装备科技产业园区，在税收、土地、融资方面给予优惠配套政策。在建筑安全领域吸纳资本、人才和技术，为有潜力的企业提供一个可发展的综合平台。

（三）引导现代金融市场为行业发展提供有效支撑

借助市场经济杠杆的巨大调节作用，充分调动建筑业主体自发追求安全业绩的动力。一是借鉴国外建筑保险的经验，促进我国建筑行业保险市场发展。由政府制定相关法规，规定建筑企业必须参加的强制保险险种，这是企业取得从业资格的必要条件。保险费率依据工程项目风险大小、损失额度来确定，其中建筑企业安全业绩是保险公司制定保险费率的重要参考依据。建筑企业为取得从业资格必须按规定参加社会投保，同时为获取低额保费努力创造安全业绩，以此维护和提高自身的安全形象。二是开展企业间多边合作，借助资本市场高效利用多渠道进行融资。例如企业间通过增资扩股的投资形式进行融资，为技术创新提供更多资金支持。三是充分利用创新产业发展投融资模式。例如我国安全产业发展投资基金，着重关注安全行业中的高科技企业，扶植企业发展，提供金融服务，由国家开发银行与中国平安银行共同提供资金支持，在工业和信息化部会同国家安监总局的相关政策支持下，进行产业发展投融资，正是安全产业行业内的科技型企业进一步发展的良好契机。

第三十四章　内蒙古赤峰市"12·3"宝马矿业瓦斯爆炸事故

2016年12月3日，内蒙古赤峰市元宝山区宝马矿业有限责任公司发生瓦斯爆炸事故，12月5日，国务院安委会办公室发表了《关于内蒙古自治区赤峰宝马矿业"12·3"特别重大瓦斯爆炸事故的通报》，提出了七点要求。就该爆炸事故来看，我国矿山安全生产形势依然严峻，安全生产基础薄弱、机械化水平普遍偏低、违法违规生产仍然是矿山安全生产事故发生的主要原因，且煤矿安全生产事故具有年末多发的特点。为遏制重特大事故频发势头，矿山生产机械化、自动化作为提高煤矿生产安全水平的有效手段，近年来受到国家重视的程度不断提高。

第一节　事件回顾

2016年12月3日中午11时30分左右，内蒙古赤峰市元宝山区宝马矿业有限责任公司发生爆炸事故，经救援人员初步确认，为瓦斯爆炸事故。该矿核定生产能力45万吨/年，为低瓦斯矿井。事故发生时，井下作业人员共有181名，事故发生后，国电内蒙古平庄煤业集团有限责任公司快速派遣了公司救护大队共52名救援人员赶往现场救援；赤峰市政府立即启动了紧急救援预案，主要领导及相关部门负责人组成了救援指挥部。截至事故发生次日4时，爆炸事故已造成32人死亡，多人受伤，赤峰市政府、元宝山区政府、国电内蒙古平庄煤业集团等相关部门和单位共出动警力268人、救援及医护人员119人、救护车辆32辆。事故过后，元宝山区政府专门成立了善后抚慰工作组，对遇难者家属和伤者家属开展一对一抚慰工作。

　　根据有关规定，国务院批准成立了事故调查组，国家安全生产监管总局副局长、国家煤矿安监局局长黄玉治担任组长，并于2016年12月5日在赤峰市成立并召开了第一次全体会议，会议要求要尽快组织专家下井进行现场勘查，坚持实事求是和科学严谨的态度查清事故原因；广泛收集资料信息确保证据确凿；坚持依法依规开展查处工作，确保程序规范；坚持运用科学手段，分秒必争进行事故调查，确保调查质量。

同年12月5日，国务院安委会办公室发表了《关于内蒙古自治区赤峰宝马矿业"12·3"特别重大瓦斯爆炸事故的通报》（安委办明电〔2016〕20号），为吸取赤峰宝马矿业"12·3"事故教训，有效防范和坚决遏制重特大事故提出了七点要求，要求各省级煤矿安全生产监管部门再次落实辖区内所有煤矿包矿责任，加强煤矿安全生产监管，每半个月向国家煤矿安监局报送1次煤矿安全生产大检查进展情况和正反两方面典型案例，以切实加大安全生产监管部门监管力度。

第二节 事件分析

一、矿山安全生产形势依然严峻

我国是矿业大国，煤矿资源丰富、从业人员众多。在近年来煤炭行业去产能的快速进行下，我国仍拥有煤矿11000多座、煤矿工人580多万人，按照早中晚三班的常见矿业生产安排估计，煤矿井下作业人员数量时刻保持在200万人左右。煤矿地质条件复杂，灾害类型繁多，水、火、瓦斯、煤、尘、地压、地热等常见灾害聚集，安全生产形势严峻。在各类事故中，瓦斯燃烧、爆炸事故、顶板事故、透水事故、煤与瓦斯突出事故和瓦斯引起的中毒窒息事故致死人数最高，以瓦斯致灾的各类事故危害最为严重，致死人数约占各类煤矿事故死亡人数的一半。

矿山安全生产是我国安全生产工作的重点，随我国对煤矿安全生产工作的持续重视，近年来我国煤矿安全生产形势逐年好转。国家安全生产监管总局公布的数据显示，2014年我国共计发生煤矿安全生产事故509起、死亡931

人，2015年我国煤矿事故起数和死亡人数同比下降32.3%和36.8%，百万吨死亡率降至0.162；2016年全年煤矿事故起数、死亡人数分别减少103起和60人，同比分别下降29.3%和10%，百万吨死亡率为0.156，同比下降3.7%。

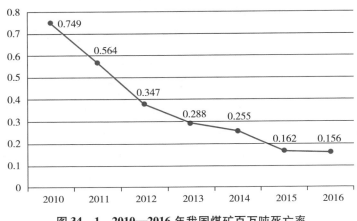

图34－1　2010—2016年我国煤矿百万吨死亡率

资料来源：国家安全生产监管总局，2017年1月。

与发达国家相比，我国矿山安全生产工作起步较晚、机械化水平普遍偏低，安全生产形势依然较为严峻，与美国、澳大利亚等发达国家仍有较大差距。2016年我国煤矿百万吨死亡率为0.156，为历年最好成绩。与发达国家相比，美国2014年煤矿死亡人数为16人，各类矿山采矿作业总死亡人数为40人；2015年上半年美国和澳大利亚的煤矿百万吨死亡率分别为0.03与0.05，我国矿山生产安全水平亟待提高。

二、违法违规生产是矿山安全生产事故发生的主要原因

煤矿事故是我国安全生产工作重点，2016年在年末集中发生的情况尤为突出。2016年共发生各类重特大事故32起、死亡571人，其中煤矿发生重大事故8起，特别重大事故2起，其中致灾因子为瓦斯的占比50%以上。2016年全年共发生各级煤矿事故249起、死亡538人，较大事故22起，死亡95人。2016年末的一个多月的时间里，煤矿行业已连续发生了三起重特大生产事故，且皆为瓦斯爆炸事故。三起事故分别为重庆市永川区金山沟煤业有限

责任公司"10·31"特别重大瓦斯爆炸事故（以下简称 10·31 重庆煤矿瓦斯爆炸事故），造成 33 人遇难；黑龙江省七台河市景有煤矿"11·29"重大瓦斯爆炸事故（以下简称 11·29 七台河煤矿瓦斯爆炸事故），造成 21 人死亡、1 人下落不明；以及造成 32 人死亡的内蒙古自治区赤峰宝马矿业"12·3"特别重大瓦斯爆炸事故（以下简称 12·3 赤峰煤矿瓦斯爆炸事故）。

三起重特大事故发生的主要原因都是违法违规生产。在 10·31 重庆煤矿瓦斯爆炸事故中，超层越界违法组织生产、采用落后淘汰的以掘代采采煤工艺违规生产、逃避安全监管、安全管理混乱、违规越界生产区域恢复生产没有验收是事故暴露出的五大突出问题。在 11·29 七台河煤矿瓦斯爆炸事故中，在安全生产许可证和采矿许可证过期情况下违法违规组织生产、没有安装安全监控系统和人员位置监测系统、作业人员未经安全培训入井作业是造成事故的根本原因。在 12·3 赤峰煤矿瓦斯爆炸事故中，赤峰煤矿不顾停产要求，在停产期间违法违规进行生产作业是造成事故的根本原因。

煤矿安全生产事故在年末突发的特点，一方面反映了安全生产事故岁末多发的普遍规律，另一方面也是由 2016 年煤炭行业走势决定的。煤炭行业生产与火力发电需求及供暖需求密切相关，2016 年夏季以来水力发电比重逐渐下降，火力发电量不断上涨，2016 年 8、9、10 月三个月的火电发电量与 2015年同期相比分别增长了 11.2%、15.8% 和 18.5%。为应对枯水期、满足北部供暖需求，部分省市火力电站冬季储煤量需求上升，以贵州省为例，进入 10月后火力电站储煤量需由可用天数 7 日以上上升到 10 日以上，储煤量上升30%，冬季煤炭市场需求大幅上升。由于随着近年来煤炭行业去产能的稳步进行，煤炭市场价格不断回升，煤炭生产收益有所提高，2016 年夏季煤炭价格较低、冬季煤炭价格较高，与往年冬季煤炭产量的平稳态势相比，年末有许多停产煤矿都在逐渐复工，减产矿井也在加大产能，在此基础上，部分先进企业由"276 天工作日限产政策"转变为"330 天工作日限产政策"，一些煤矿不顾生产安全要求，在证照不齐、停产整顿或安全监管工作不到位的情况下，忽视煤矿安全生产信息化要求和作业人员安全生产培训要求，违法违规进行跨区跨界生产，最终导致重特大事故发生。

三、矿山生产机械化、自动化是遏制煤矿生产安全事故的有效手段

我国煤矿生产安全水平较发达国家落后的主要原因是机械化生产水平不足。研究表明，矿山安全生产事故 90% 以上与人的不安全行为有关，"机械化换人、自动化减人"能够有效减少人的不安全行为导致的安全生产事故，2015 年 6 月，国家安全生产监管总局印发了《开展"机械化换人、自动化减人"科技强安专项行动的通知》（安监总科技〔2015〕63 号），要求"以机械化生产替换人工作业、以自动化控制减少人为操作，大力提高企业安全生产科技保障能力"。同时要求到 2018 年，分别在煤（岩）巷掘进上指数减少掘进工作面人员 50% 以上、在煤矿综采工作面上至少减少工作面人员 40% 以上、在煤矿井下辅助运输方面至少减少人员 30% 以上。在煤矿生产保障系统智能监测控制方面，要求实现主运输系统的智能监测监控和人员巡检，减少人员 80% 以上；采用井下大型固定设备无人值守系统，减少原有值守系统工作人员数量 60% 以上；采用煤矿安全物联网，通过实现设备、物资、环境等智能监测与管理，减少人员 30% 以上。自《煤矿安全生产"十二五"规划》（以下简称《规划》）于 2011 年由国家安全生产监管总局印发以来，我国小型煤矿采煤机械化程度和掘进转载机械化程度逐年提高，至 2015 年分别达到了 55% 以上和 80% 以上。从我国煤矿生产年百万吨死亡率数据来看，我国矿山生产"机械化换人、自动化减人"对遏制煤矿安全生产事故作用明显，自 2011 年《规划》发布以来，煤矿事故百万吨死亡率快速下降，在"十二五"末期，我国煤矿百万吨死亡率下降速度逐渐放缓，标识着煤矿安全水平正在进入新的阶段，煤矿生产"机械化换人、自动化减人"工作功不可没而仍然任重道远。

展望篇

第三十五章　主要研究机构预测性观点综述

中国安全产业协会、中国安全生产报以及中国安全生产科学研究院，在安全产业的发展过程中发挥着重要的宣传和推动作用。中国安全产业协会作为全国性一级社会团体，通过创新会员服务模式、创新市场开发机制，在政策研究、标准制订、产品推广、市场开拓、投资服务、国际交流合作等方面，为政府和企业提供高效、优质、满意的市场化服务。中国安全生产报对国家出台的《危险化学品安全综合治理方案》《中共中央国务院关于推进安全生产领域改革发展的意见》等进行了及时和详细的跟踪报道和政策解读。中国安全生产科学研究院作为国家安全生产监督管理总局直属的综合性和社会公益性科研事业单位，近年来通过与徐州高新区进行合作，联合规划建设了徐州安全科技产业园，为徐州发展安全产业提供了重要的支撑力量。同时，其在矿山安全、危险化学品等领域的安全技术方面具备较强的研发实力，为我国安全产业实现快速发展提供了技术、政策等方面的有力支撑。

第一节　中国安全产业协会

2010 年以来，国务院多次印发通知，从国家层面提出了培育安全产业的要求，安全产业正成为我国工业转型升级的新动力。中国安全产业协会在工业和信息化部与国家安监总局的牵头下，顺应这一趋势于 2014 年 12 月 21 日北京成立，国务院应急办、公安部、安监总局、保监会等有关部门和企业代表等共 300 余人参加了协会成立大会。

中国安全产业协会作为全国性一级社会团体，主要任务是发挥好企业与政府间的桥梁、纽带作用，统筹协调全国安全产业各方力量，共同推进我国安全产业发展。通过协会这个平台创新会员服务模式、创新市场开发机制，在政策研究、标准制订、产品推广、市场开拓、投资服务、国际交流合作等方面，为政府和企业提供高效、优质、满意的市场化服务。

2017年3月19日，中国安全产业协会理事长肖健康与贵州毕节市政府驻重庆办事处主任赵国红举行会谈，就协会协会助力毕节打造西南安全发展示范城市举行会谈。会上，肖健康简要介绍了中国安全产业协会的发展情况，并表示，协会十分重视与毕节的合作，前期已派出考察组专程赴毕节考察调研。通过考察，深刻感受到毕节发展的良好势头和明显的比较优势，安全产业发展的前景十分广阔。肖健康表示，下一步，待考察组根据调研情况制定出具体合作方案后，希望双方加强交流，为将毕节打造成中国西南地区安全发展示范城市而共同努力。

2017年2月26日，中国安全产业协会2017年度年会在北京万寿宾馆举行，同一时间也举办了中国安全产业首届智能装备博览会动员大会，来自工信部、国家安监总局等领导莅临会议现场，并作了重要讲话。会上，肖健康理事长对中国安全产业协会2016年的工作进行了总结，他表示，2016年是协会发展的起步之年，基本完成了年初预订的工作任务，在完善内部管理、壮大协会队伍、创新发展模式、建设产业示范基地、带动行业发展等七个方面都取得了不错的成绩。展望2017年，肖健康理事长认为这将是协会发展的创新之年，要抓住国家深化安全领域改革的契机，全面落实"851工程"，即八个创新、"五个一"工程，鼓励企业抱团取暖，充分发挥互联网的共享精神与作用，助推安全产业的全面发展，实现中国安全产业人性化享受、智能化服务、本质安全保障的根本目标。

2017年3月3日，中国安全产业协会理事长肖健康就协会2017年重点工作向国家安全生产监督管理总局孙华山副局长进行了汇报。肖健康向孙华山副局长汇报了2017年中国安全产业协会的六项重点工作，即：认真贯彻落实中共中央安全领域改革30条，实施两化深度结合，创新智能安全产业，打造本质安全产业功能，推动实体产业转型升级。重点是建成北京经开区中国安全产业大厦、组建开业中国安博会展馆（永不闭幕的展馆）、创新智能化脚手架产业样板、实施安全发展示范城市建设总包方案，组建安全发展城市产业基金和创新徐州产业示范基地，推进中国安全产业快速发展。肖健康代表协会恳请国家安监总局支持实施安全发展示范城市总包方案和安排安全专项资金，发起安全发展示范城市百亿产业母基金；同时由国家安监总局和工信部相关司局成立安全产业推进协调小组，确定相关人员担任联络员。孙华山副局长对中国安全产业协会的工作给予充分的肯定，希望协会为遏制重特大事故提供有效保障，开创安全产业新局面。

2016 年 9 月 23 日，中国安全产业协会理事长肖健康携香港中国轨道车辆集团公司、中安宏信科技发展有限公司、中安安产控股集团公司与山西省委常委、太原市委书记吴政隆举行会谈，介绍了中国安全产业协会的发展情况，并认为，太原具有很好的发展基础和平台，希望中国安全产业协会与太原市加强合作交流，不断拓展发展空间，促进太原安全产业发展壮大。中国安全产业协会及其会员单位将和太原市委、市政府一道，努力将太原打造成中西部地区区域性的安全产业发展基地。

第二节　中国安全生产报

中国安全生产报（下文简称"安全生产报"）在 2016 年末撰文详细阐述了国务院办公厅印发《危险化学品安全综合治理方案》的意义，认为它是贯彻落实党中央、国务院关于加强安全生产工作一系列重要决策部署的又一制度性安排，是强化红线意识、坚持底线思维的顶层设计，也是着眼于标本兼治、重在治本的系统解决方案。安全生产报认为，随着经济社会的快速发展，我国已成为危险化学品生产使用大国，化肥、农药、染料等产量位居世界第一，石油化工产值自 2010 年开始也登上了全球巅峰。但体量大、分布广、战线长的背后，也意味着风险高企。《危险化学品安全综合治理方案》找准了靶子、点中了穴位，对全面加强危险化学品安全综合治理提出了 40 条具体任务，涉及诸多地区和部门。下一步需要做好"问题共答、任务共领"的大文章，务求前后照应、左右衔接、上下互动。安全生产报认为，只有牢固树立安全发展理念，坚决落实"党政同责、一岗双责、齐抓共管、失职追责"及"管行业必须管安全、管业务必须管安全、管生产经营必须管安全"的要求，从细处入手，向实处着力，一环紧着一环拧，一锤接着一锤敲，才能取得实效。

据安全生产报评述，2016 年 12 月，《中共中央国务院关于推进安全生产领域改革发展的意见》出台，从地方安全生产监督管理机构人员及功能区监管体制两个方面对地方安全生产监管执法体制改革提出了明确要求。地方各级党委和政府要将安全生产监督管理部门作为政府工作部门和行政执法机构，加强安全生产执法队伍建设，强化行政执法职能。统筹加强安全监管力量，重点充实市、县两级安全生产监管执法人员，强化乡镇（街道）安全生产监管力量建设。完善各类开发区、工业园区、港区、风景区等功能区安全生产监管体制，明确负责安全生产监督管理的机构，以及港区安全生产地方监管和部门监管责任。

第三节　中国安全生产科学研究院

中国安全生产科学研究院（以下简称"安科院"）是国家安全生产监督管理总局直属的综合性和社会公益性科研事业单位。尤其是新近与徐州高新区进行合作，联合规划建设了徐州安全科技产业园，为徐州发展安全产业提供了重要的支撑力量。安科院在矿山、危险化学品等领域的安全技术方面研发实力较强。

2016年8月，天津港"8·12"瑞海公司危险品仓库特别重大火灾爆炸事故后，安科院认为，"当前我国安全生产形势严峻，这不仅体现在伤亡数字上，更是血淋淋的现实。事故频发的原因，首先在于对安全生产的重视程度远远不够，缺乏以人为本的理念。"安科院表示，现在对安全生产的重视，很多时候表现为重视事故，但对日常应该做好的基础性工作却重视不够。只有各级领导干部、各个企业、全社会真正把人的生命和尊严看得高于一切，才能真正提高全社会的安全生产意识。此外，安科院认为，事故频发的另一个原因在于当前我国安全生产的法治环境比较薄弱。尽管已有成文的安全生产法，但企业自觉遵法守法的氛围还没有形成，全社会法治监督的力度有限，对企业一些司空见惯的违法行为比较宽松，安全检查流于形式，且执法部门的能力和素养还须提高。同时，有些管理部门考虑到地方经济发展等因素，对不法企业打而不实、关而不严，采取警告、限期整改等措施，而很多重大事故恰恰就是在整改期间发生的。"坚决落实安全生产责任制，切实做到党政同责、一岗双责、失职追责。"安科院认为，习近平总书记这一要求再度强调了领导干部的责任，反映出中央对安全生产的态度和决心，对领导干部的追责会更加坚决、更加严格。专家指出，事故之后追责固然重要，但更重要的是从整体上转变观念，由传统"管事故"的安全管理向重视风险治理过渡，将事故发生的概率降到最小。安科院评述认为，这需要健全预警应急机制。一些事故之所以造成重大人员伤亡，就在于应急响应的速度和质量存在问题，如缺乏火灾警报系统、安全通道不安全等。

2016 年 12 月，中共中央、国务院印发《关于推进安全生产领域改革发展的意见》（以下简称《意见》），从责任、体制、法治、防控、基础等五方面提出一系列改革举措。这是新中国成立后，第一次以中共中央、国务院名义印发安全生产方面的文件。安科院认为，这一规定保证了"尽职照单免责、失职照单问责"，有利于提高安监责任体系的严密性，让安监人员敢于履职尽责。生产安全事故，多是由风险失控逐步演变为隐患，最终酿成。《意见》要求建立完善安全风险评估与论证机制，高危项目审批必须把安全生产作为前置条件，城乡规划、设计、建设、管理必须以安全为前提，实行重大安全风险"一票否决"。过去往往强调事故发生之后严肃追责。《意见》全面引进国际上先进的安全生产管理理念，坚持关口前移，强调构建风险分级管控和隐患排查治理双重预防工作机制。

2017 年 1 月，国务院办公厅发布《安全生产"十三五"规划》（以下简称《规划》），对"十三五"时期全国安全生产工作进行了全面部署。继 2016 年 12 月中共中央和国务院发布推进安全生产领域改革发展的文件以后，短短两个月的时间里，中国政府再次下发有关安全生产工作的纲领性文件，凸显了对当前安全生产的高度重视。《规划》指出，"十三五"时期，中国仍处于新型工业化、城镇化持续推进的过程中，安全生产工作面临许多挑战。《规划》的实施将对促进"十三五"时期安全生产工作稳步推进、实现安全生产持续好转具有重大意义。安科院认为，《规划》目标的核心就是减少事故和重特大事故的发生。为实现这一目标，必须加强安全生产的系统管理能力。"解决这个问题，过去我们依靠的方法就是就事论事，就是发生重大事故了，根据事故原因追究责任。但是安全生产工作，尤其是重大事故发生不是一个局部的问题。所以说，在'十三五'期间从系统来解决问题。因为安全是系统属性，不是个别属性。因此当前，解决安全生产问题，特别强调系统治理。"

第三十六章　2017 年中国安全产业发展形势展望

在《中共中央国务院关于推进安全生产领域改革发展的意见》《安全生产"十三五"规划》等对安全生产工作具有重要指导作用的文件要求下，安全产业发展面临新的良好机遇。一是安全产业投融资体系建设有望快速发展，二是安全产业集聚效应将进一步扩展，三是试点示范工作将推动先进安全技术和产品应用。2017 年，有利于安全产业发展的政策环境将进一步改善，金融业支持安全产业发展有望提速，安全产业集聚发展将继续发力，先进安全技术和产品推广应用试点示范规模将继续扩大，协会等中介组织发挥的作用将不断提升。2017 年，我国安全产业总体智能化水平将不断提高，产业规模将能够保持 25% 左右的增长率，总体产业规模有望突破万亿元。

第一节　总体展望

《中共中央国务院关于推进安全生产领域改革发展的意见》这一文件，充分体现了党和国家对安全生产工作的高度重视。2017 年初发布的《安全生产"十三五"规划》，也对未来五年安全生产工作具有重要的指导作用。在全党和全国人民迎接党的十九大，继续保持安全生产事故总量和死亡人数继续下降态势，继续努力遏制重特大事故多发的趋势，确保"十三五"安全生产开好局、起好步，安全产业面临新的良好发展机遇。

在党中央、国务院的关心和领导下，在各方面的共同努力下，全国安全生产形势持续稳定好转。根据国家安全生产监管总局的统计，2016 年全国共发生各类生产安全事故、死亡数分别下降 5.8% 和 3.8%；发生较大事故、死亡人数分别下降 7.4% 和 9.8%；发生重特大事故、死亡人数分别下降 15.8%

和 25.8％。但全国安全生产形势依然严峻，重特大事故多发的局面并没有得到根本好转，安全发展的任务依然十分艰巨。《中共中央国务院关于推进安全生产领域改革发展的意见》中要求"健全投融资服务体系，引导企业集聚发展灾害防治、预测预警、检测监控、个体防护、应急处置、安全文化等技术、装备和服务产业"。还提出了"实施高速公路、乡村公路和急弯陡坡、临水临崖危险路段公路安全生命防护工程建设。加强高速铁路、跨海大桥、海底隧道、铁路浮桥、航运枢纽、港口等防灾监测、安全检测及防护系统建设。完善长途客运车辆、旅游客车、危险物品运输车辆和船舶生产制造标准，提高安全性能，强制安装智能视频监控报警、防碰撞和整车整船安全运行监管技术装备，对已运行的要加快安全技术装备改造升级"。这些明确而具体的任务，对于为安全生产、防灾减灾、应急救援等安全保障活动提供专用技术、产品和服务的安全产业发展，具有非常重要的意义，为当前安全产业的发展指出了重点目标与任务。因此，在不断为安全生产、防灾减灾、应急救援等安全保障活动提供专业的技术、产品和服务中，安全产业将承担起为我国经济社会安全发展提供更多保障的重要作用。

展望 2017 年，落实《中共中央国务院关于推进安全生产领域改革发展的意见》是安全产业发展的首要任务。一是安全产业投融资体系建设有望快速发展。在工信部、财政部、国家安监总局、科技部等相关部委的共同参与下，依托市场配置资源，金融支持安全产业发展将迎来新局面。二是安全产业集聚效应将进一步显现。在工信部和国家安全生产监管总局的支持下，徐州、营口、合肥、济宁等城市先后被确定为国家安全产业示范园区创建单位。2017 年将正式出台《国家安全产业示范园区（基地）发展指南》，安全产业示范园区（基地）创建工作将依据总体规划得到进一步发展。三是试点示范工作将推动先进安全技术和产品应用。在"中国制造 2025"等发展战略支持下，智能制造将不断提升安全防范技术，安全科技项目的科技水平，通过试点示范工作，更多先进的安全技术与产品将得到推广应用。四是政策环境的持续优化为安全产业提供了良好的发展空间。国家安监总局发布《淘汰落后安全技术装备目录》《关于开展"机械化换人、自动化减人"科技强安专项行动的通知》《安全生产专用设备企业所得税优惠目录（2016 版）》等文件，将推进先进安全技术装备推广应用；工信部在《深入推进新型工业化产业示范基地建设的指导意见》中将安全产业列入其中，在《中国制造 2025》和《智能制造试点示范 2016 专项行动实施方案》中都提出了加强安全生产技术改造与智能化的要求。

在国家有关部门的支持下，2016 年安全产业有了新的发展的壮大。2017年安全产业将在投融资体系建设、产业园区（基地）发展、先进技术推广应用、标准化体系建设等方面取得新的进展。预计在 2017 年，我国安全产业将能够保持 25% 左右的增长率，产业规模有望突破万亿元。

第二节　发展亮点

一、有利于安全产业发展的政策环境将进一步改善

安全产业的发展列入了《中共中央国务院关于推进安全生产领域改革发展的意见》等重要文件，在落实党中央和国务院对安全生产的工作部署中，安全产业的发展一定会迎来良好的新发展环境。在落实党和国家文件中，将围绕安全科技创新、投融资体系创新、产业园区发展创新、安全技术推广模式创新等创新发展，出台一系列政策和措施支持安全产业发展。主要包括：支持一批安全技术科研基地和中心建设，健全安全产业技术、装备的标准和标准体系，完善投融资服务体系，打造安全产业协同创新系统，开展先进安全技术和装备试点示范，建立健全安全产业支持政策法规体系等。力求通过政策引导、组织协调、国际合作、人才培养等保障措施，推动安全产业进一步发展。

二、金融业支持安全产业发展有望提速

2015 年 11 月，工信部、国家安监总局、国开行、平安集团共同签署战略合作协议，支持安全产业发展投资基金建设。2016 年 10 月，在徐州，当地政府与平安银行、上海银行等多家金融机构，签署了徐州安全产业发展投资基金战略合作协议，组建总规模为 50 亿元的国内首只地方安全产业发展投资基

金。目前，徐州安全产业投资基金落地工作进展顺利，将为安全产业投融资体系建设直到试点示范作用。自2012年《促进安全产业发展指导意见》出台以来，工业和信息化部、国家安全生产监管总局等部门就大力培育安全产业投融资体系建设，随着各地对安全产业发展投融资工作的重视，以及国家对实体经济投资支持力度加强，各类社会资本也对安全产业的发展更加关注，2017年，伴随着国家支持安全产业投融资体系建设，我国安全产业投融资将得到快速发展。

三、安全产业集聚发展继续发力

2016年，济宁高新区成为第四个国家安全产业示范园区创建单位，国家安全生产监管总局和工信部在2017年有望联合发布《国家安全产业示范园区（基地）发展指南》等文件，安全产业示范基地建设将继续稳步发展。此外，在陕西、新疆等西部地区，安全产业发展也受到高度重视，正在纷纷制订安全产业发展的规划或进行研究，由东部向西部拓展的安全产业发展趋势，随着"一带一路"的发展，安全产业在全国范围内，将呈现出更广泛的发展局面。

四、先进安全技术和产品推广应用试点示范先行

针对安全生产重点领域和高危行业安全生产工作需要，推广应用更多先进安全技术和产品的工作越来越体现出紧迫性。道路交通、建筑、矿山、危化品等事故多发、高发行业或领域所需的安全技术与装备，直接列入了党和国家出台的安全生产改革发展的文件中，体现出党和国家的高度重视。

工业和信息化部会同国家安全生产监督管理总局等部门，已经在制订一些先进安全技术和产品的试点示范推广计划，通过建立先进安全技术与产品项目库，通过保险、基金、租赁、上市等不同金融手段的支持，将有更多的安全技术和产品利用国家政策支持、市场化手段扶持等多方面合力推动，通过试点示范的引导，将为安全生产、防灾减灾、应急救援提供更多高效、实用的先进安全技术产品，解决高危行业和重点领域的安全难题，也将更有利于安全产业的发展。

五、进一步发挥协会等中介组织的作用

从 2014 年底中国安全产业协会成立以来，中国安全产业协会得到了快速发展。2016 年中，协会会员已近千家；在消防、物联网、矿山、建筑等行业分会成立后，又组建了石化、电子商务两个分会，分支机构数量达到 6 个，组建了标准化技术委员会。

展望 2017 年，中国安全产业协会将继续发挥企业、金融、研究、政府等机构之间交流合作平台的作用，跨界融合、集成创新，引进消化吸收国内外先进科学技术，创新融合标准和产品目录，加强本质安全保障功能，促进产业转型升级，打造智能安全产业，探索职业健康产业，组建培训实训体验基地，构建物联网大数据云平台，健全社会化服务体系和应急救援保障体系。以服务会员为中心，以协调政府资源和寻求增量市场提供投融资服务为手段，为会员和社会提供人性化享受，智能化服务和本质安全保障，推动全国安全发展。包括协会在内的各中介服务机构，将服务于安全产业发展，提高安全产业发展的质量和效率，更适应市场变化需求，在标准、认证、评估、检测、培训等方面开展活动，在创新发展思路、细化服务功能、融合聚集功能、培育产业新模式等方面不断提升发展水平，打造智能安全、跨行业融合性的新兴产业。

后 记

赛迪智库安全产业研究所（原工业安全生产研究所）是国内首家专业从事安全产业发展研究的智库机构，本所继 2016 年撰写并出版了《2015—2016年中国安全产业发展蓝皮书》之后，在工业和信息化部、国家安全生产监督管理总局等部门的支持下，在中国安全产业协会的大力协助下，又撰写了《2016—2017 年中国安全产业发展蓝皮书》。

本书由樊会文担任主编，高宏任副主编。高宏、刘文婷、于萍、王毅、陈楠、李泯泯、程明睿、黄玉垚等参加了本书的撰写工作。其中，综合篇由王毅、刘文婷分别撰写第一章和第二章；行业篇由王毅、李泯泯、程明睿、黄玉垚负责编写，王毅撰写第七章，李泯泯负责编写了第四章和第六章，程明睿撰写第三章和第八章，黄玉垚撰写第六章和第九章，第五章由李卫民和李泯泯共同撰写；区域篇分别由刘文婷编写第十章，王毅编写第十一章，李泯泯编写第十二章；园区篇由王毅编写第十三章，李泯泯编写第十四章，程明睿编写第十五章，黄玉垚编写第十六章；企业篇由李泯泯和黄玉垚负责编写和整理，李泯泯负责第十七章的编写，李卫民负责第二十章的编写，陈楠负责第十九章的编写；政策篇由黄玉垚撰写第二十八章，第二十九章是由于萍、程明睿、黄玉垚分别进行了相关政策的解析；热点篇分别由于萍编写第三十章，王毅编写第三十一章，黄玉垚编写第三十二章，李泯泯编写第三十三章，程明睿编写第三十四章；展望篇由王毅编写第三十五章，高宏编写第三十六章。高宏、李泯泯等负责对全书进行了统稿、修改完善和校对工作。工业和信息化部安全生产司、国家安全生产监督管理总局规划科技司和中国安全产业协会的有关领导，中国安全产业协会各分会、相关企业都为本书的编撰提供了大量的帮助，并提出了宝贵的修改意见。本书还获得了安全产业相关专家的大力支持，在此一并表示感谢！

由于编者水平有限，编写时间紧迫，书中不免有许多缺陷和不足，也真诚希望广大读者给予批评指正。

赛迪智库
面向政府　服务决策

思想，还是思想
才使我们与众不同

编 辑 部：赛迪工业和信息化研究院
通讯地址：北京市海淀区万寿路27号院8号楼12层
邮政编码：100846
联 系 人：刘颖　董凯
联系电话：010-68200552 13701304215
　　　　　010-68207922 18701325686
传　　真：0086-10-68209616
网　　址：www.ccidwise.com
电子邮件：liuying@ccidthinktank.com

赛迪智库

面向政府　服务决策

研究，还是研究
才使我们见微知著

信息化研究中心	工业化研究中心	规划研究所
电子信息产业研究所	工业经济研究所	产业政策研究所
软件产业研究所	工业科技研究所	军民结合研究所
网络空间研究所	装备工业研究所	中小企业研究所
无线电管理研究所	消费品工业研究所	政策法规研究所
互联网研究所	原材料工业研究所	世界工业研究所
集成电路研究所	工业节能与环保研究所	安全产业研究所

编 辑 部：赛迪工业和信息化研究院
通讯地址：北京市海淀区万寿路27号院8号楼12层
邮政编码：100846
联 系 人：刘颖　董凯
联系电话：010-68200552 13701304215
　　　　　010-68207922 18701325686
传　　真：0086-10-68209616
网　　址：www.ccidwise.com
电子邮件：liuying@ccidthinktank.com